JN063436

La Philosophie de ma boulangerie Levain

— Mikio Kōda —

ルヴァンのパン哲学

— 甲田幹夫 —

Interview

Kōdō Tanaka

田中孝道

A&F

ルヴァンのパン哲学

―甲田幹夫―

佐野繁次郎に捧ぐ——表紙について

青春時代の話になるが、画家・佐野繁次郎の装幀に惹かれた時期があった。辻静雄『パリの居酒屋（びすとろ）』『パリの料亭（れすとらん）』など書き文字や絵にパリの洒落たお店が目に浮かんだ。甲田さんの『ルヴァン』のお店もこの世界がよく似合うと直感し、思い込んだら頭から離れなくなった。パンの神様が後押ししてくれているような気もした。ここは佐野繁次郎へのオマージュということで、私の文字と絵でデザインさせて頂いた。いわば美術における本歌取りである。

田中孝道

まえがき

コロナ前よりこの本の企画があって、一、二年で出るはずがコロナで長引いて長引いて、ついにコロナが明けての出版となった。時間はかかったが、おめでたいし、ありがたい。若い頃、人生で本を出すなんて考えもしなかった私の本が、これで3冊目になるとはと、驚いている。

今回の本は孝道さんに言わせると、「ほとんど写真で構成されているから〝アイドル本〟ですよ」だそうだが、売れる売れないは関係なくまあ、良しとしようか。いわゆるアイドルなら美男と肩書きがつくが、私の場合、まったく真逆で自信はない。最近、メガネがオシャレになったかなと思うくらい。また、東京の近所に住む恵子さんが「甲田さんは矢沢永吉に似ている時がある！」とつぶやいてくれたことがあった。そのまま鵜呑(うの)みにはできないが、そんなこともあるのかと、思ったりする程度である。僕は僕で、常に時を走ろう！　と強く思うのである。

インタビューは数回にわたり、こんなにいろいろ聞かれたのは初めてのことだった。それだけに自分でも気がつかない別の自分に出会うことも新鮮だった。次の活動に活かしていけたらいい。

いま一番思うことは戦争が早く終わらないか！　ということである。戦争は圧倒的な環境破壊であるし、世界の経済もどんどんおかしくなる。普通の人々の人生まで狂わせている。声を大にして言おう。「#プーチンは完全に戦争犯罪人である」

甲田幹夫

Levain Tomigaya depuis 1989

ルヴァン富ヶ谷店

東京都渋谷区富ヶ谷 2-43-13
Tel.Fax ／03-3468-9669　定休日／月、第一第三火曜日
営業時間／平日、土曜日 9:00~19:00　日曜、祝日 9:00~18:00
Blog ／http://levain317.jugem.jp/　Instagram／@levain_tokyo

depuis 1984
Levain
BOULANGERIE

Levain
Ueda
depuis 2004

ルヴァン信州上田店

長野県上田市中央 4-7-31（柳町通り）
Tel.Fax ／0268-26-3866　定休日／水・第一木曜日（夏・冬休みあり）
営業時間／パン 9:00~18:00　カフェ 11:30~17:00（LO16:30）
Blog ／http://uedalevain.exblog.jp/　Instagram／@levain.ueda

ルヴァン

目次
Contents

自家製
天然酵母パン
上田市 ルヴァン上田店
今月のおすすめ
シュトレン
始まりました
この季節の楽しみの

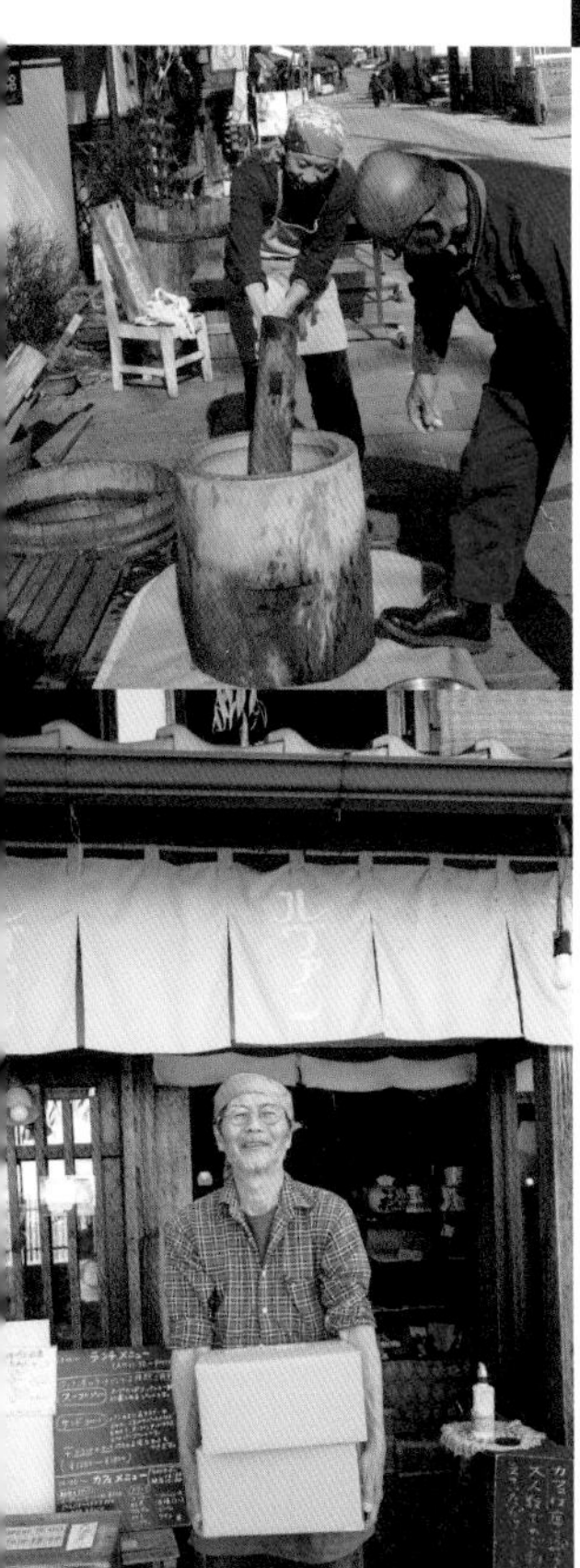

タイトルフランス語訳：ジャンヌ・奈良

パン写真画像調整：三浦舞

ゴム印制作：髙橋さとみ（P3・P20 ハイ カンパーニュ）

ゴム印制作：矢杉麻衣（章扉似顔絵）

写真撮影：田中孝道

はるかメソポタミアからの使者・小麦。
漂泊の末に、この島国にやってきた
その小麦を砕いて粉とし、こねて焼く
連綿としたパンの分厚い物語がここにある。

甲田幹夫・近影

パン
たべた？

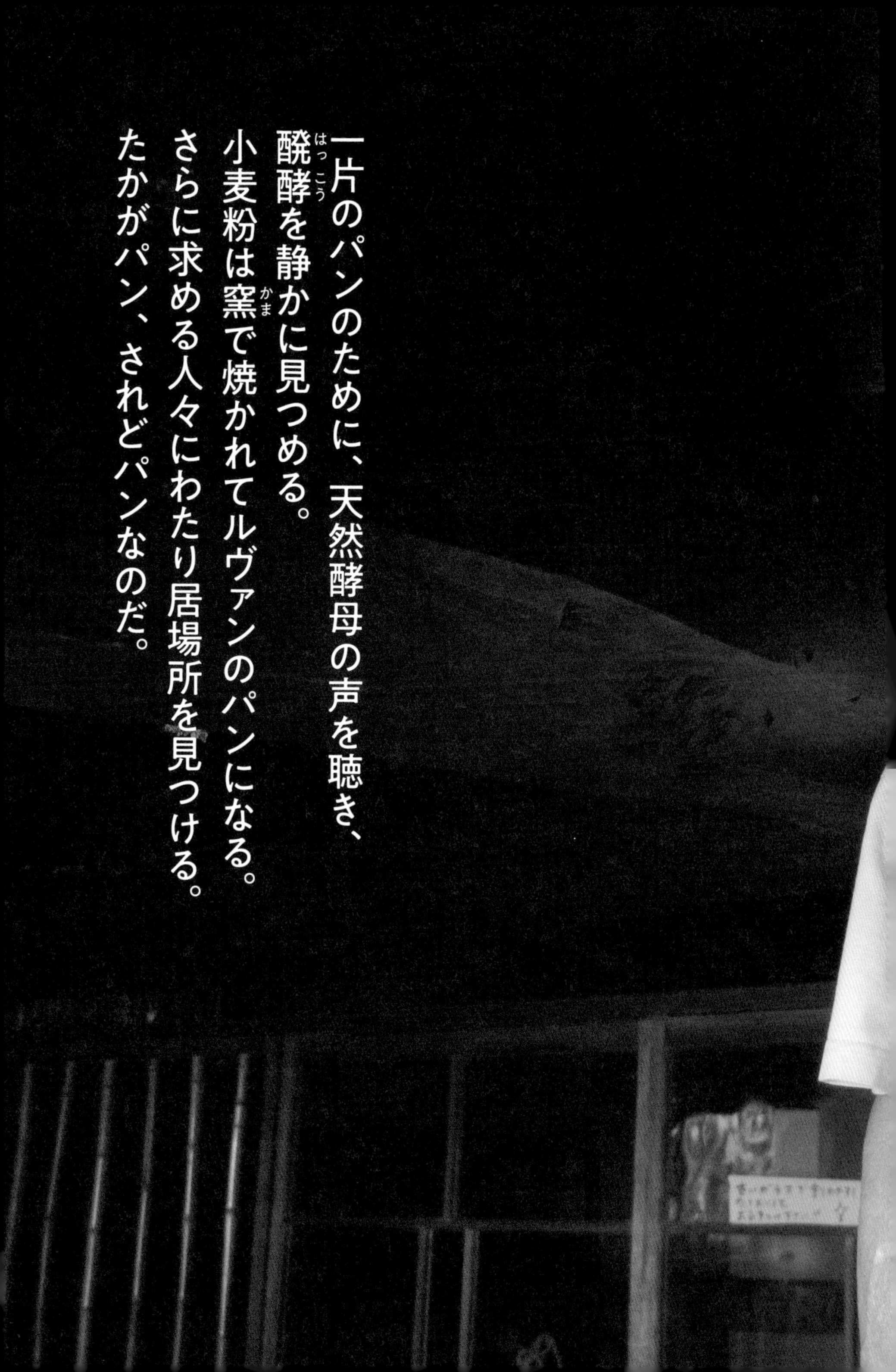

一片のパンのために、天然酵母の声を聴き、
醗酵を静かに見つめる。
小麦粉は窯で焼かれてルヴァンのパンになる。
さらに求める人々にわたり居場所を見つける。
たかがパン、されどパンなのだ。

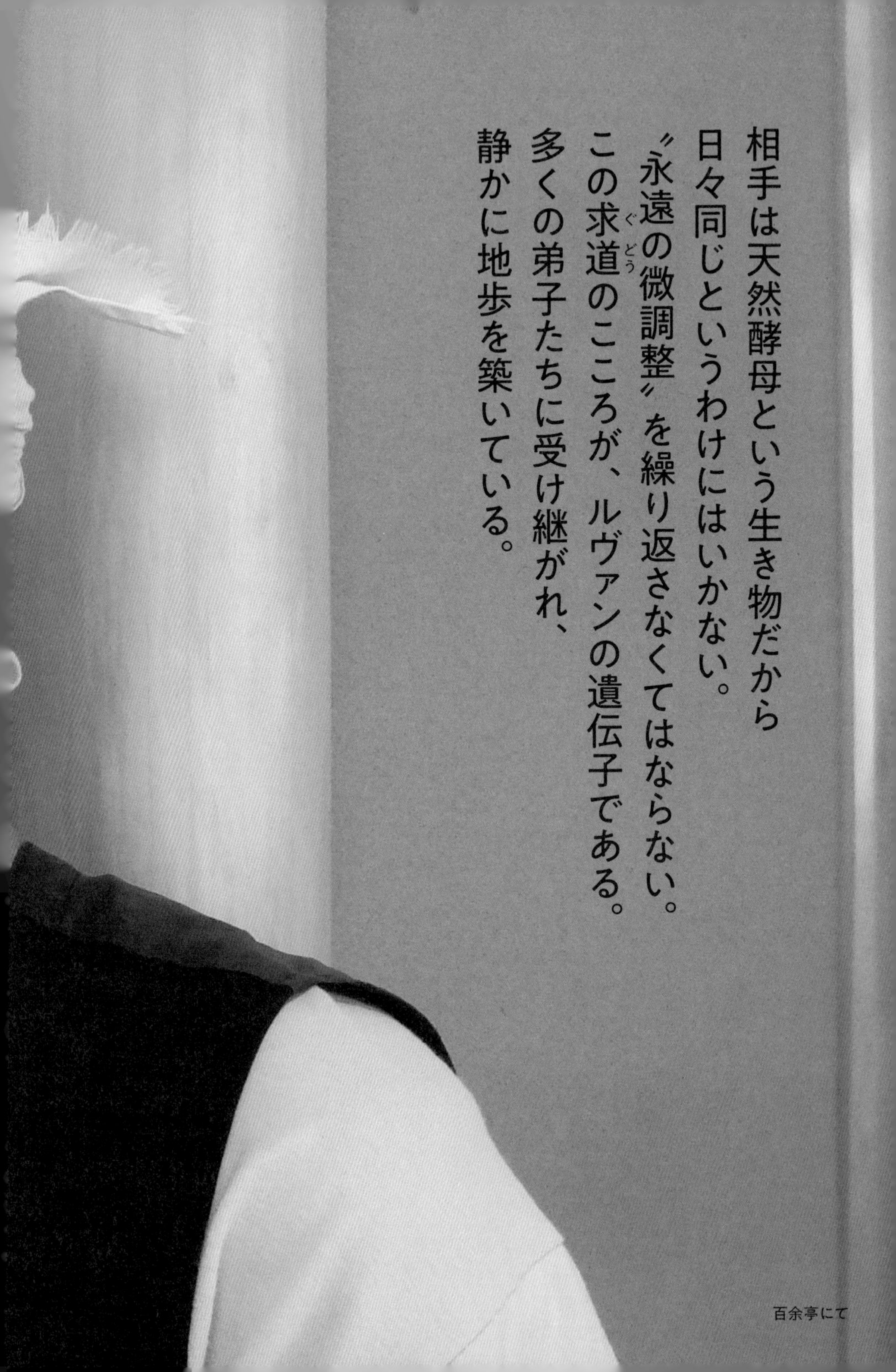

相手は天然酵母という生き物だから
日々同じというわけにはいかない。
〝永遠の微調整〟を繰り返さなくてはならない。
この求道のこころが、ルヴァンの遺伝子である。
多くの弟子たちに受け継がれ、
静かに地歩を築いている。

百余亭にて

ルヴァンにはマニュアルというものがない。
職人たちには、気働きや気配りが求められるが、
いっこうに気にしている様子はない。
自然体なのである。
滑らかに縫い目なく繋がっている。

“天然酵母をかけつぎして、
パンを作っているうちに、
古稀（こき）を迎えてしまったよ。

いつまでやるつもりかって？
そうね、１００歳かな。
そうすりゃ少しはマシなのが
できるかな。”

はい！
カンパーニュ

我が愛するパンたちの肖像

揺籃（ようらん）の地は調布だった。

表層の考古学。
この皮の下に西アジアから続く
物語が息づいている。

葡萄（ぶどう）と小麦粉のマリアージュ。
光沢がシルクロードの
旅程の厳しさを宿している。

どんな時代がこようとも
ふてぶてしい面構えは
ルヴァンの誇り。
この道を行く。

毎日食べる物だから、
ニュートラルがいい。

パンというよりは、
一つのオブジェとして
存在する姿を見ると、
すべてのディテールが
いとおしいのだ。

この道には矛盾がない。

エンゲル係数がもっと
上がってもいいのではないか。
正しいものを食べて、
健康になってもらいたい。

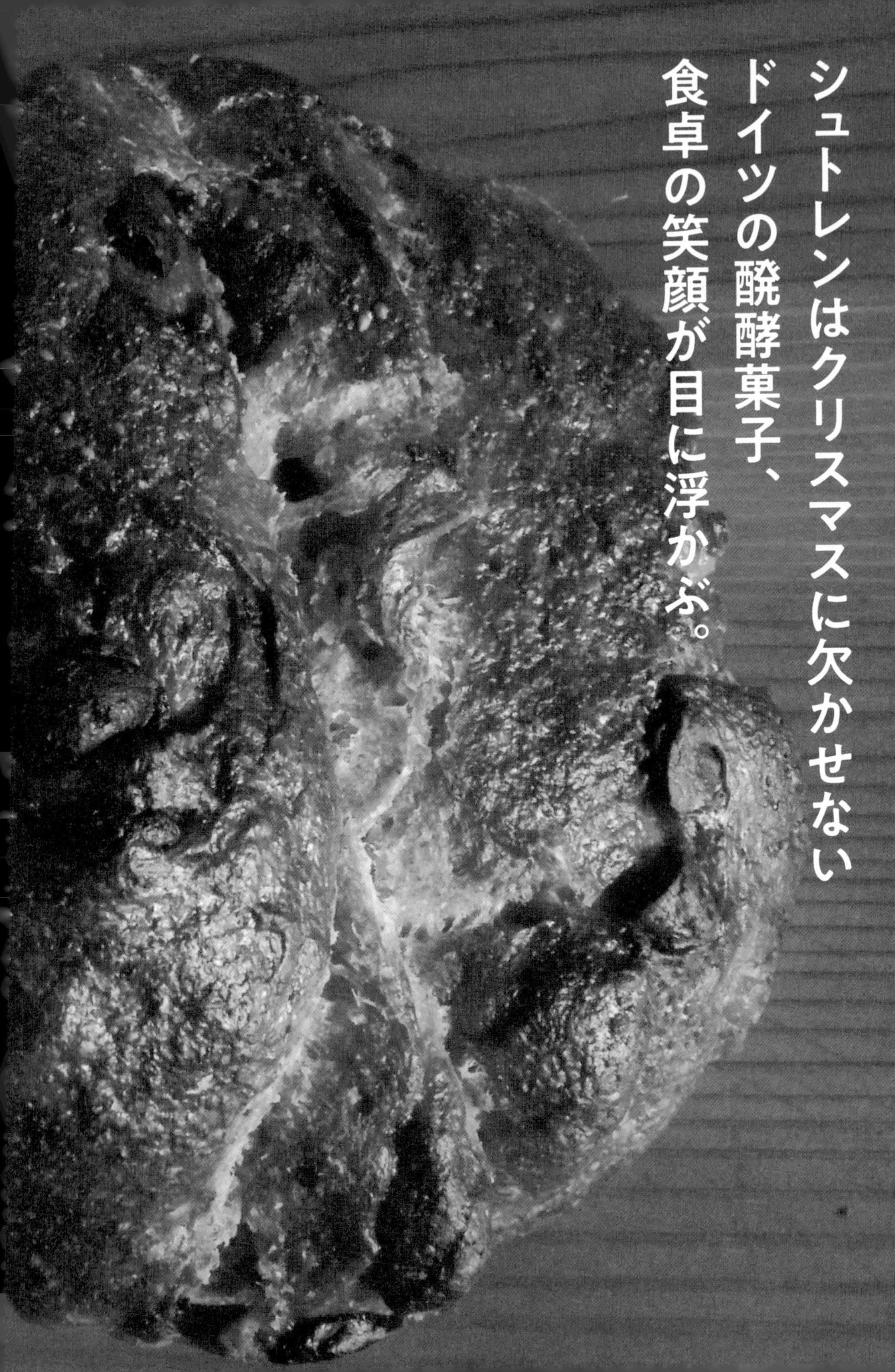
シュトレンはクリスマスに欠かせない
ドイツの醗酵菓子、
食卓の笑顔が目に浮かぶ。

小麦とライ麦、夏みかんの皮などを
蜂蜜に3ヶ月ほどつける。
さらに、ラム酒につけたクルミ、イチジクやレーズンなど
夏のうちから準備する、とにかく長丁場なのだ。

平凡さを保持するのは意外に大変なのだ。

異星からの使者か。
食卓の華やぎが職人たちの張り合いである。

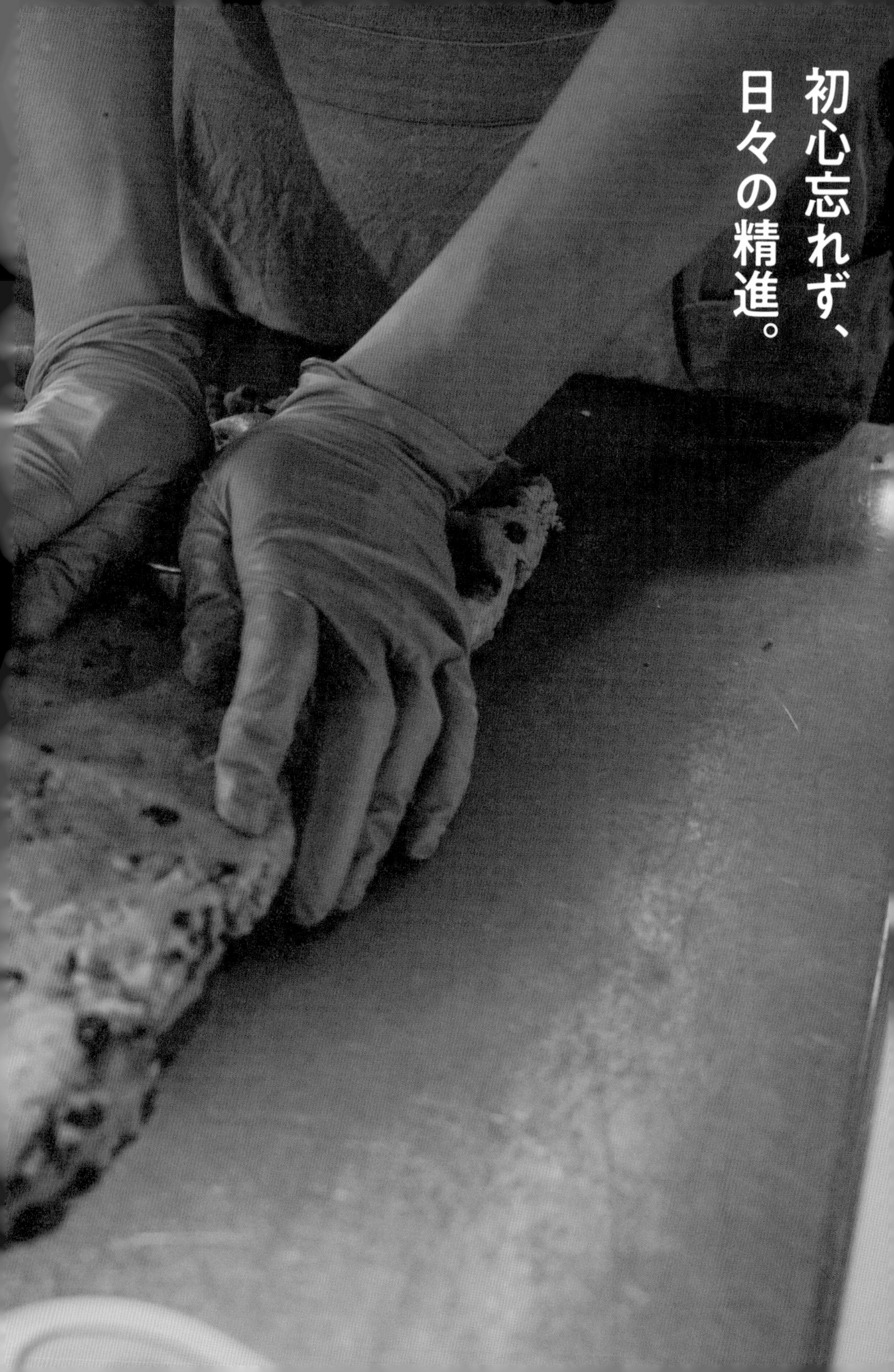
初心忘れず、
日々の精進。

本日古代小麦を（スペルト）使ったパンでございます。
depuis 1984
Levain
ルヴァン

緊急対談

甲田幹夫

信州・北国街道は柳町にあるルヴァン上田店にて
オーナーの甲田幹夫さんと対談（2021年6月）

聞き手
田中孝道

田中 甲田さんにはここ3年ほど断続的に取材させていただきました。ところが地球規模の新型コロナウイルスの大流行で、中断していましたがこのところ落ち着いて、お店にもお客さんが戻りつつあるように見受けます。コロナ禍の前後では何がどう変わりましたか？

甲田 まずスタッフへの感染をいちばん恐れました。そこで作るものを徹底的に集約したのです。その結果、労働時間は短くなり、負荷は軽減されました。またパイやお菓子系などは作らず、主力商品をカンパーニュやメランジェに絞り込みました。昔からやっていたものです。

田中 いわゆる選択と集中ですね。

甲田 そうです。その結果、お客様には喜んでいただき、東京富ヶ谷店は行列ができました。

田中 行列ですか、すると経営的には？

甲田 富ヶ谷店は通常より売り上げは良くなり、上田店のマイナスを補うことができました。

田中 それはすごい、いまほとんどの会社が前年同期比マイナスで、それも半減という現象です。うまくいった原因はなんだったのでしょう？

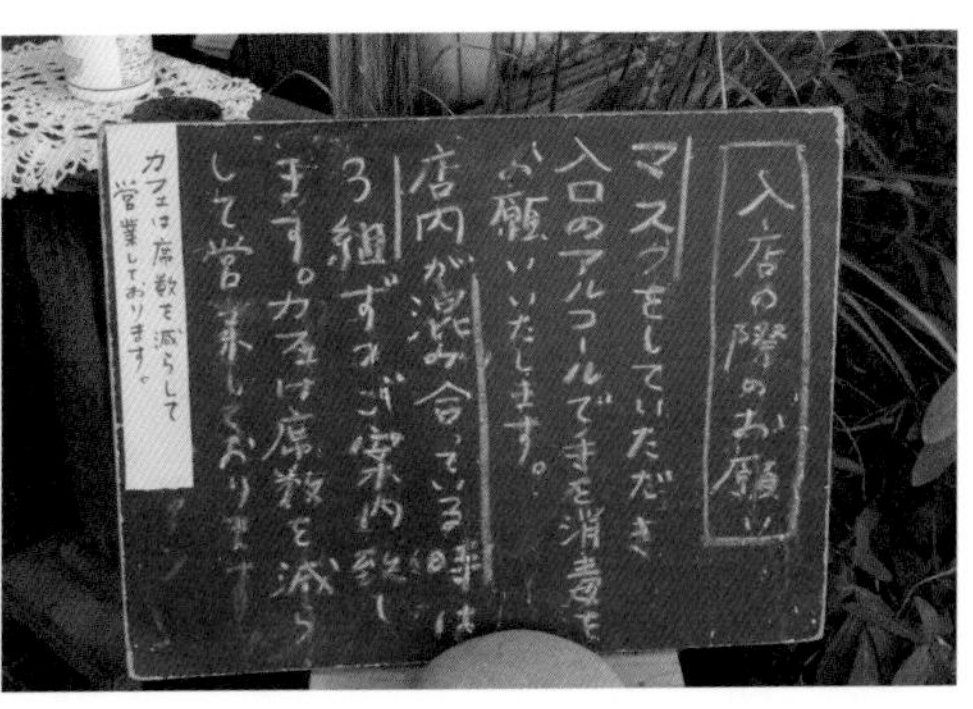

甲田 基本となるパンのファンというか、昔からのお客様のリピートが多かったことでしょうか。ありがたいことです。最悪の赤字も覚悟したのですが、どうやらそれは回避できましたね。

田中 いままで地道に築いてきた信用や信頼関係が確認できたということですね。今回のコロナ禍をきっかけにパンの売り方や買い方にも変化がありましたか？

甲田 上田市内に感染者が出たので、来店していただくのが大変でした。しかし、手をこまねいているわけにもいかないので、スタッフが全国への通販部門をネットで拡充して頑張ってくれました。

田中 ＳＮＳなどのツールで？

甲田 そうです。それによって販路を広げることができました。短時間でそれを構築してくれたスタッフには感謝しています。しかし、本来はお客様の顔が見える対面販売が理想的ですね。そのほうがお互いにいい関係が築けるのです。

田中 そうですか、やはりパンは店売りが基本ですね。

甲田 そうです、秋の連休あたりから上田店は急に忙しくなりました。ゴー

ルデンウイークが最悪の時期で閑古鳥が鳴いていました。本当なら一年でいちばん忙しい時期がダメでしたね。フジロックフェスも中止になり、これも大きかったですね。

田中 来年はどうなんでしょうか？

甲田 さあ、まだなんとも言えません。みなさんコロナに慣れてきたので、注意深く対応するでしょう。しかし人間というものは同時に飽きもくるので、そこが難しいですね。従来通りのものを期待できません。

田中 商品ライン的には集約して販売効率を上げたということでしたが、具体的にはどのように？

甲田 上田店と富ヶ谷店はそれぞれ製造品目が違うのですが、それを意図的に入れ替えてみました。その相乗効果があったのだと思います。

田中 お客様には新鮮だったでしょうね。その場合の生産管理は誰がやるのですか？

甲田 スタッフがいつもやっています。ある程度のキャリアになるとその辺は任せています。

田中 なるほど。つまりは甲田さんの手を離れている。上流工程に甲田さん

がタッチしていないというのも面白いですね。

甲田 製造数を決めたスタッフが、対面販売の現場にも立っています。そうしているうちに、不思議なもので全体が見えるようになるのです。自然と責任感も加わるしね。最近、スタッフが独立しましたよ。楽しみです。

田中 コロナ禍での独立とは、ずいぶん思い切りましたね。

甲田 本人は相当強い決意でスタートしたと思いますよ。それでね、僕の師匠でもあるピエール（・ブッシュ）さんが那須から駆けつけてくれて、新しい門出に訓示のようなお祝いの言葉を贈っていただいて、本人は感激していました。

田中 それは一生の思い出になることでしょう。スタッフの独立という目出度いこともありましたが、基本的にはコロナ禍にあって、甲田さんの頭の中は混乱の極みのような時期もあったのではないですか？

甲田 そうそう、一時期は、いったいどうなるのだろうという不安もありました。でも仕事場に出るとスタッフがいつも通りに明るくやってくれている。そんな姿を見ると、リーダーたるもの軸足がぶれてはいけな

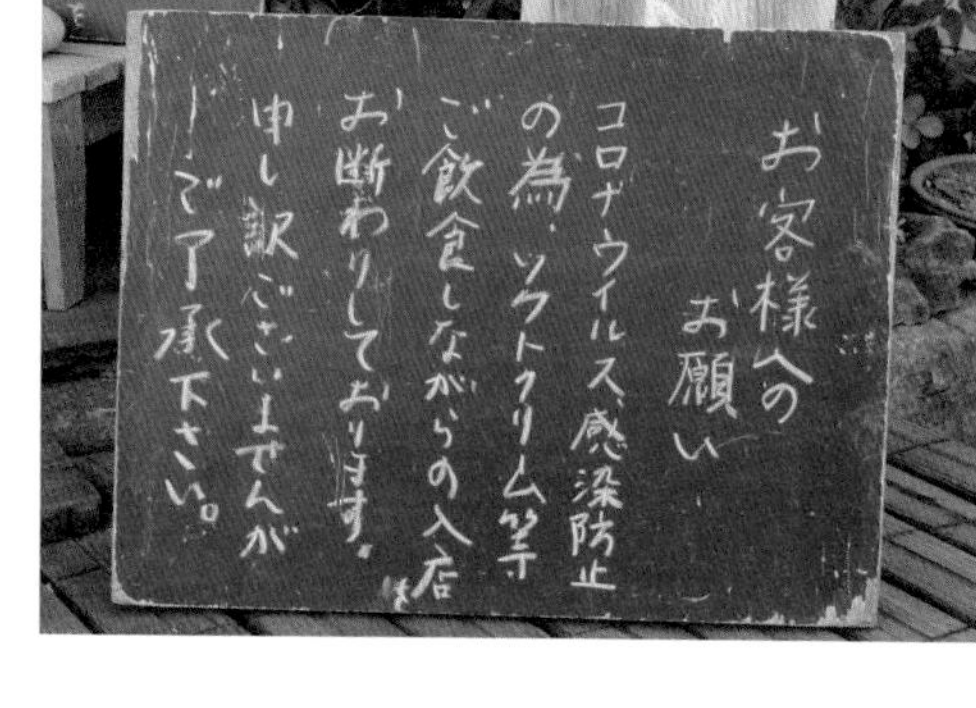

いと思いましてね、平常心を保とうと言い聞かせました。まあ、今回はスタッフ共々鍛えられました。福島の原発事故と状況は似ていますね。放射能もウイルスも目に見えない敵ですからね。とにかくスタッフの健康を第一に考えました。

田中 いつも思うことですが、甲田さんがいるだけで皆が安心する、空気が和むように感じます。ある種の解毒効果があるのかと思うくらいです。

甲田 そんな効果があるかなあ（笑）。

田中 ありますよ。まあ、いわゆるカリスマですね。柔らかい集団の生理を感じます。新しい時代にふさわしい別の価値観をさぐっている様子も見て取れるし、本来の愚直さにさらに磨きがかかってきたように感じます。まだコロナ禍はつづくでしょうが、ルヴァンのスタッフと甲田さんの笑顔を見ていると、今までとは一味ちがうルヴァン像が浮かび上がってきたような気がします。同時に勇気をいただきました。今日はありがとうございました。

甲田 こちらこそ、ありがとうございました。

甲田流　美の美

上田店の2階「茶房 烏帽子（えぼし）」から
甲田のこだわりを拾ってみた。
いわゆる古民家再生からの「宝物」である。

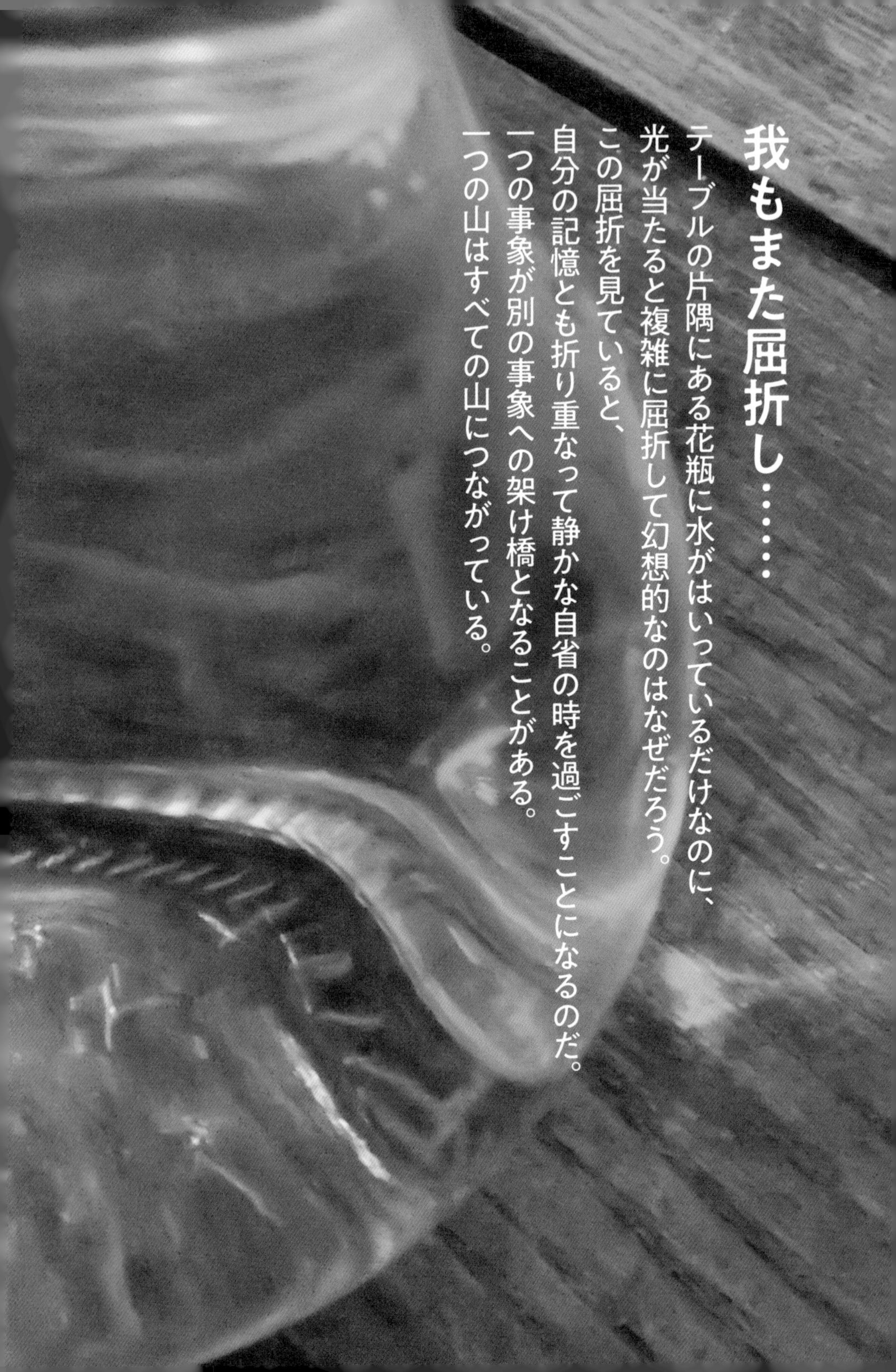

我もまた屈折し……

テーブルの片隅にある花瓶に水がはいっているだけなのに、
光が当たると複雑に屈折して幻想的なのはなぜだろう。
この屈折を見ていると、
自分の記憶とも折り重なって静かな自省の時を過ごすことになるのだ。
一つの事象が別の事象への架け橋となることがある。
一つの山はすべての山につながっている。

「普通」という無限かつ無窮の道を行く。
これは信念なのか執念なのか。

名もなき工人たちの技の冴え

この土の下には何層かの壁が隠れている。
（こまいと下塗りと中塗りが施されている）
見える壁のなかにある見えない壁の重なり。
この構造に職人たちのプライドを感じるのだ。

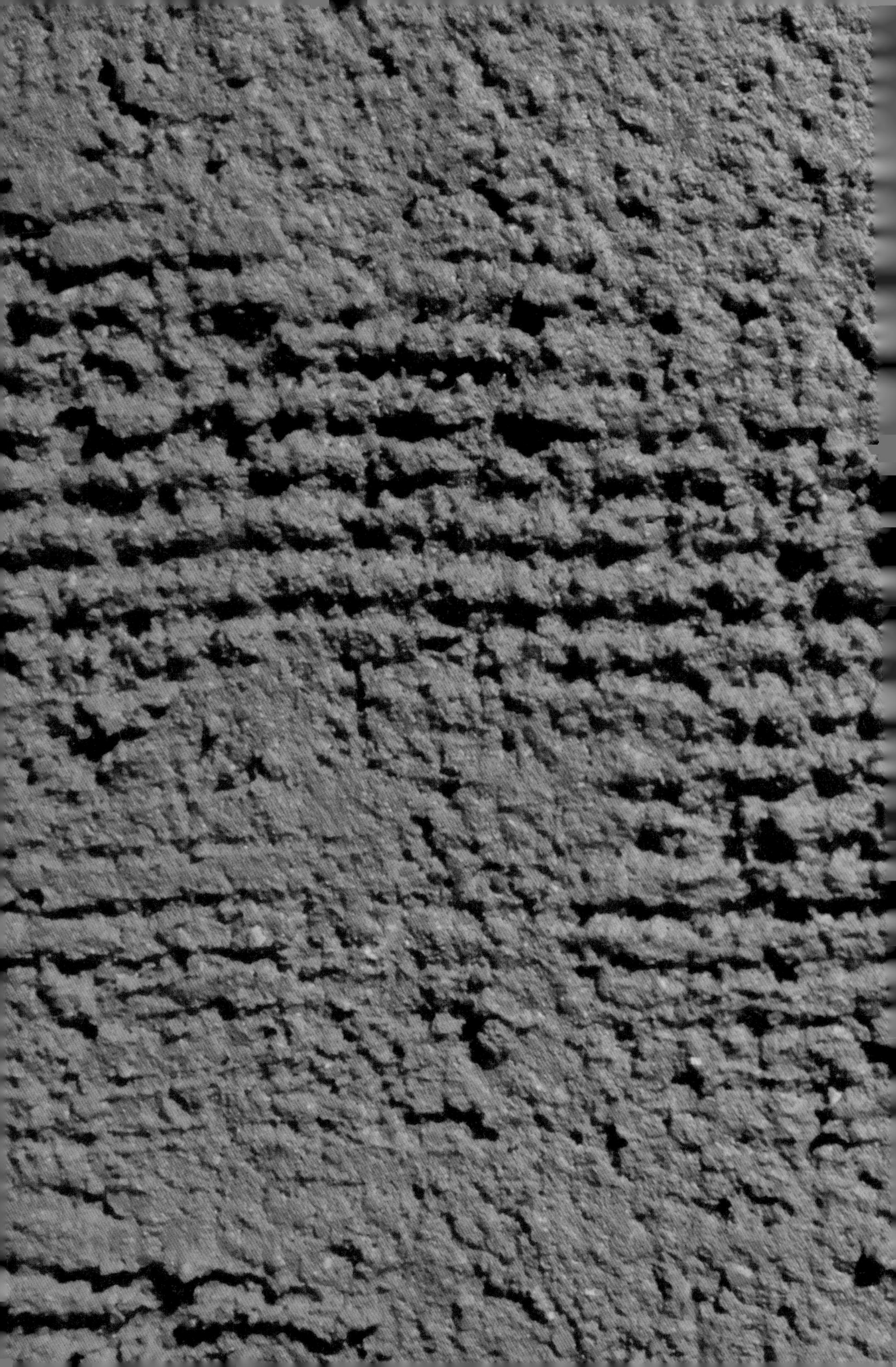

レオナルドの遊戯

あのレオナルド・ダ・ヴィンチが幼少時代、
壁のシミを見ていろいろにイマジネーションを
遊ばせていたという逸話は有名だ。
人間が何かを想像する時に、
それを助けるのが汚れやシミである。
熱にうなされた夜に、天井板の木目が恐ろしいほどに
襲ってきた経験は誰でも一度はあるだろう。

己を空しうして醗酵を聴く。

受け継ぐ

この材木の上を何人の人が上ったり下りたりしたことだろう。
捨ててしまえばそこで歴史は断絶して何も語らない。
歴史とはちょっとしたことで未来への証言者に変わるのだ。

酵母のかけつぎ、生きている限り孤独な一本の道がつづく。

下張り

古新聞が赤茶けているだけであるが、何か惹かれる。
むかし大掃除の時に古い新聞などが畳の下から出てくると、
ついつい読んでしまった経験はありませんか。

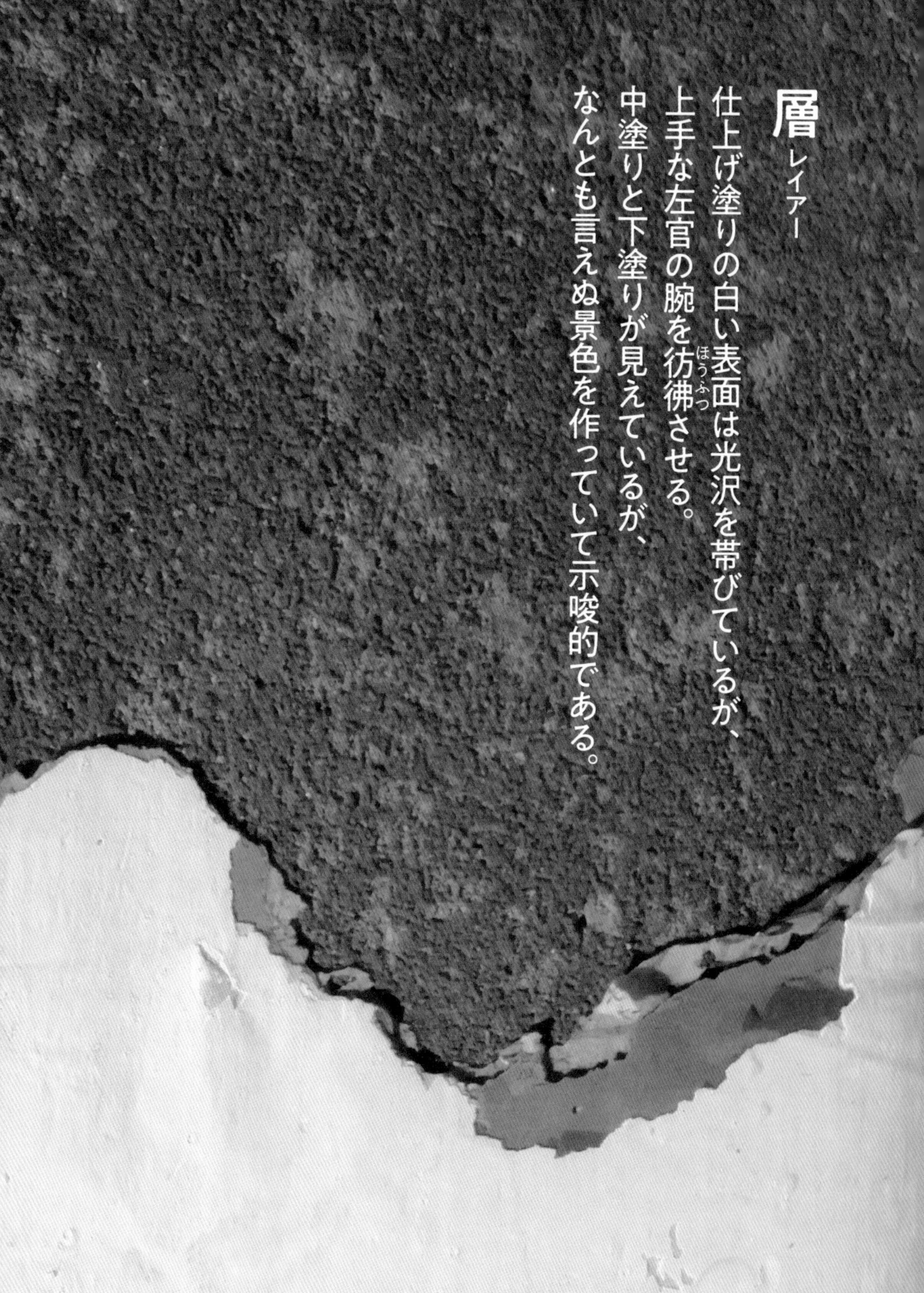

層 レイアー

仕上げ塗りの白い表面は光沢を帯びているが、上手な左官の腕を彷彿（ほうふつ）させる。中塗りと下塗りが見えているが、なんとも言えぬ景色を作っていて示唆的である。

アイデアとは このようなもの

輪切りにしたカリンをつなげたもの。
庶民の必要から生まれたアイデアには
健やかなイメージがある。
おしくらまんじゅうのような
ユーモアを伴っている姿もいい。

荻野君の巧みなたくらみ

役目を終えたパッチワークのようにも見えるが、
むかしの番匠(ばんじょう)たちが心血を注いだほぞ組みの跡だ。
釘を使わずに堅牢(けんろう)な木組みを実現させていた。
荻野君は彼らの心意気を伝えたかったにちがいない。

※荻野君は高校時代の同級生の建築家

蘇生する番匠の心意気

鉋の跡に工人の誇りが見て取れる。
これらの手業の跡を現在の人に感じてもらいたいのだ。
心ゆくまで触って、時を超えたクラフトマンシップに浸ってほしい。

一時はもっと異形のパンを求めたり、もっと異次元のものを求めようと思ったが、普通に勝るものはないと気がついた。

行灯（あんどん）

鳥かごを再利用した行灯である。どういうことはないものだが、なぜか親しみがある。
暖かくて柔らかい光が、お店に入ってくる人への灯台の役目をしているのだ。

なんでパンなど焼くことになったのか、と自問自答する。

和紙

和紙の演出する陰翳礼讃の世界。
ほのかな光が静かに空間に充満するとき言葉を失ってしまう。

パンと味噌とか梅干しや蜂蜜が、私にとっての一汁一菜だ。

すだれ

うちと外をつなぐ、しなやかな通気口。

人生の残余を数えてみると、焼けるパンの数も有限だ。一期一会かと納得する。

面構え

民藝であろうとなかろうと、
庶民の生活に密着してきた道具たちの
くぐってきた風雪はどこかちがう。
このタフな感触にある種の郷愁を覚える。

拓本から

久しぶりの東北であった。『奥の細道』を旅したのだが、この時は家族と一緒だった。立石寺で松尾芭蕉が吟じたと思われる切り立った岩に立つと、芭蕉の心に少し近づいたような……。わがふるさと信濃には、小林一茶がいる。

茶室五窓楼

茶室という異空間。胎内回帰なのか、懐かしいような。

つまるところ「単純」という構造と手順に還元されるのか。

2階を支える足

仏像彫刻の足元にはよく見かけるものだが、
一般的な建物でこのような支えのオーナメントは珍しいのだ。
四国の友人が彫ってくれた。
運慶や快慶の足に比べるとずいぶんと優しい、
見るからに剛健というよりは
この柔和なたたずまいのほうが今日的なのか。

甲田幹夫に不躾に聞く100問

聞き手 田中孝道

1 今日は失礼にあたるようなことをお伺いするかもしれませんがよろしくお願いします。正直なところ、このような有名店になるなんて思っていましたか？

甲田 そうですね、こうなるとは思っていませんでした、たしかに。

2 それにしてもよく続きましたね。何年になりますか。

甲田 39年かな。

3 長いですねえ、決して短くはない。継続には秘訣（ひけつ）のようなものがありますか。

甲田 なんでも自分でやるというよりは、スタッフに任せてやるのが良かったのかなあ。

4 任せるというのは、最初はけっこうな勇気がいりませんか。

甲田 でも人間というのは、任されるとやる気を出す生きものです。ここでひとふんばりせねば、とね。

5 任せるに足るスタッフに恵まれたということですね。

甲田 たしかに、そうも言えます。

6 富ヶ谷店を出す前の、言わばルヴァン誕生の経緯をお話しください。

甲田 ホンビッグ・ルヴァン工場が最初ですね。ブッシュさんというフランス人と、もうひとり坂本さんという方がいました。この方が工場長でした、そこに僕が入って3人。もともとそこは商社のようなもので、そこの社長がフランス語を習う目的でブッシュさんを雇い入れた。で、どういうわけか彼が天然酵母のパンを最初に作り、以後連綿と続いて

いるというわけです。

7 フランス人ピエール・ブッシュさんとの出会いが決定的だったのでしょうか。

甲田 そうですね、パン作りも天然酵母作りも、初めて触れる世界でしたから。手探りだったわけです。

8 大変な毎日だったでしょうね。

甲田 そうです。いやあ、いろいろありましたね。当時、天然酵母に関する文献が、なかなかなくて苦労しました。だからさまざまな条件で試行錯誤を重ねました。結果、いろいろなパンが出来上がりました。売れないものが多かったけど材料が小麦なのでなんとか食べられるわけです。ああ、ここにいると食べていけるな、食いっぱぐれはないなと思いましたね（笑）。

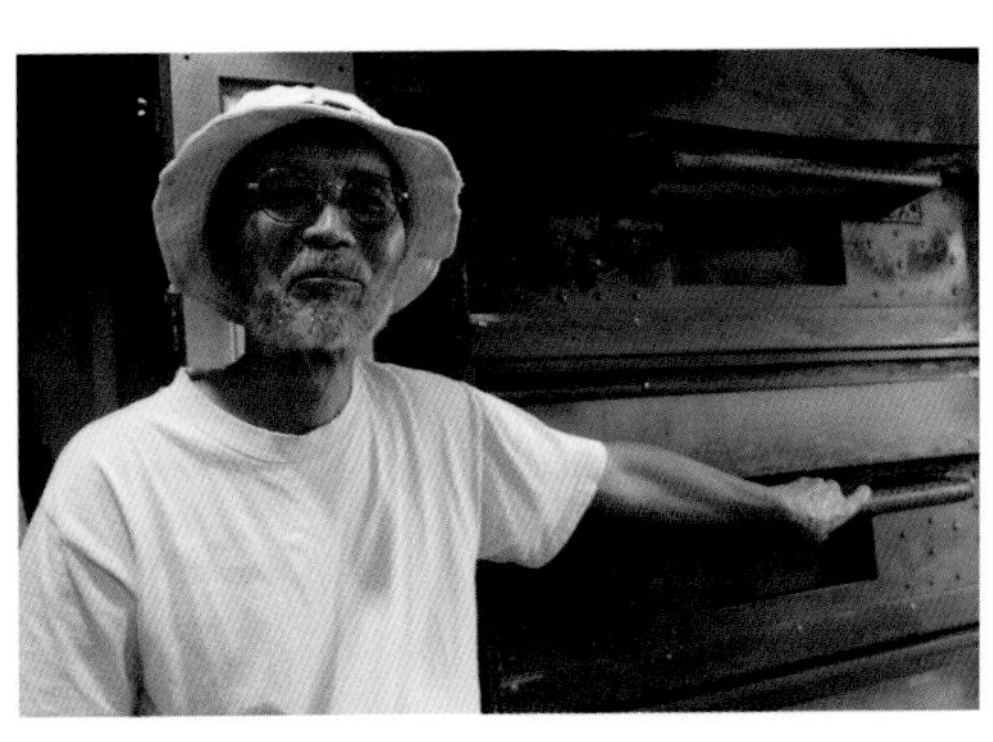

9 調布店の次に、富ヶ谷に店を開きました。次いで、故郷の上田市に出店しますが、以前から予定していたことだったのですか。

甲田 いえいえ、幾つかの偶然が重なっただけです。新幹線が通って日帰りができるというのが大きかったかな、それと北国街道の柳町の風情とか景観をのこしたい、という動きがあって、現在お隣の岡崎酒造さんに全面的に協力していただき、街道に面した一角をお借りした。そんなご縁から、いわば古民家再生のパン屋さんの誕生というわけです。

10 なるほど、上田はふるさとなわけですね。ついでに柳町やご両親の思い出を伺いましょうか？

甲田 僕は三人兄弟の末っ子で、可愛(かわい)がられましたね。両親は木町(きまち)で履物屋をやっていて、朝から晩までよく働いていました。一般的に男児にとって親父という存在はちょっと妙なものですよね。親父とはあまり接点がなくて、たまに風呂で背中を流すぐらいだったな。お袋が間に入ってくれて、僕の話を親父に伝えてもらうって感じでした。

11 ご両親とも職人で、そばで見ていていかがだったですか？　当時の親たちはよく働きましたよね。

甲田 朝飯を一緒に食べることはまずありませんでした。こちらが朝飯を食べる時には、すでに二人ともに店で仕事をしていましたから。夕飯ではじめてみんなで、ちゃぶ台を囲む。まあ、その時はファミリー感はありましたね。

12 昔の木町や柳町には独特の風情があったと聞いていますが、木町には現在も甲田はきもの店があって、ルヴァン上田店のある柳町の角を右に曲がってすぐのところですね。昔の柳町や木町の印象はいかがでしたか。

甲田 紅灯街というか色街でした。隣からは三味線の音が聞こえてきたりして。まあ、そんなことでしたから子供心にちょっと変だな、と感じていました。

13

下駄や草履を商っていたのですが、あの頃は靴が珍しい時代でした。足袋（たび）を履いて下駄が普通でした。その頃の思い出はありますか。

甲田 大人の世界というか、ある時、男女ふたり連れのお客が来て、これがいいとか、あれが欲しいわ、とかなんとか言っていました。小学生なりにそういう関係が分かっていたんでしょう。あと木町はこじんまりしていて、なんでも揃（そろ）っていたのです。豆腐屋、八百屋、乾物屋、せんべい屋、美容院、塗師屋（ぬしや）、スナック、落花生を煎（い）って売る店など狭い通りにひしめいていました。

14

男の子にとって母親の影響はつよいです。

甲田 多かれ少なかれ、みなさんそうじゃないですか。お袋には甘えていました。親父は威厳があって、ちょっとした距離もありました。東京の富ヶ谷の不動産を買うときに初めて、親父ときっちり向き合ってお金の話をしました。反対するでもなく、通帳と判子を僕の前に置いて、言葉少なに、これでやれと言ってくれました。ありがたいことです。

15 まったくそうですね。昔の人だから多くを語らず、話題の中心をズバッと突いてくる。格好いいですね。

甲田 いま思うと格好いい親父でしたよ。自分がその立場だったらどうだっただろうか、なんて考えます。

16 場面が目に浮かびます。ところで、甲田さんはイラストの名手とも聞いていますが、絵は小さい頃から描いていた？

甲田 そんなこともなかったですよ。でも美術は嫌いではなかった。体育の

ほうが得意でしたけどね。

17 なるほど。青春時代はいわゆる全共闘時代と重なりますか？

甲田 そうですね。大学紛争で授業はなかったけど、信州大学は東京の大学ほど派手ではなかった。

18 反権力派ですか？

甲田 そう、当時みなそうでしたが。

19 上田高校時代はどんな高校生でしたか？

甲田 目立つのが嫌いで、いつも二番手でした。卓球一筋。1月1日もやりました。翌2日が1年で1日だけ休みで、他の日はとにかく練習に明け暮れていました。冬は部員全員で軽井沢にスケートに行くのが恒例で、帰りにラーメンを食べるのがたのしみだった。

20

世が世ならオリンピック選手？　何かの手記にありました。それはスキーでしたかね。

甲田 そうです、スキーは大学に入ってからです。いやあ、そのレベルではなかったですね。上には上がいます。朝、暗いうちからやりましたけどね。

21

性格的におしのけてまでやるタイプではなかったのかな。そこであきらめるということをおぼえた？

甲田 そうかな。中学では野球をやっていたんですよ。体力がなかったこともあるけど、3年生の時に指導教官が変わって、おまえは補欠になれと、突然言われてそれがショックでね。今でも恨んでますよ。まあ、あきらめは早いほうです。

22
旅の話をしましょう。ヨーロッパへ行くきっかけは？

甲田 当時の時代の空気だったのかな。その頃、小田実の『何でも見てやろう』とか、寺山修司の『書を捨てよ、町へ出よう』なんかが若者のバイブルのような感じでした。その影響が強かったと思います。

23
アメリカに行こうとは思わなかった？

甲田 うーん。タイミングでしょう。たまたまその時イギリスでプラム摘みのアルバイトの話があったからね。

24
英国での農業体験はいかがでしたか？

甲田 面白かったですよ。果実摘みだから農業体験というほどのものじゃないけどね。その時思ったのは、言葉や宗教や肌の色が違っていても、基本的には同じです、人間同じってことを実感した。いろいろな国の

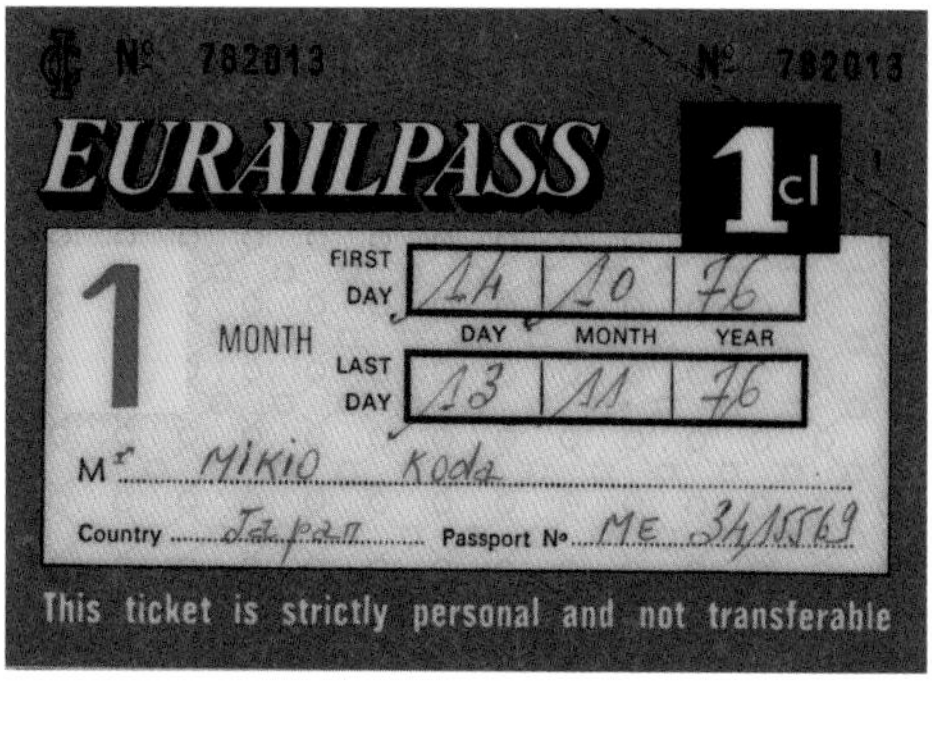

No 782013　No 782013
EURAILPASS 1cl
1 MONTH
FIRST DAY 14 / 10 / 76
DAY MONTH YEAR
LAST DAY 13 / 11 / 76
Mr MIKIO Koda
Country Japan　Passport No ME 3415569
This ticket is strictly personal and not transferable

若者が来ていたので、国の特徴というか性格がわかって面白かったな。イタリア人は適当で一つ一つきっちり取らない、とかアフリカ人はパワフル、日本人はキチッとやるとかね。

25

どういう旅行で？

甲田 ちょっと怪しい旅行でね（笑）。騙(だま)された人もいましたよ、お金だけ取られてしまったとか。

26

その時、何歳でしたか？

甲田 27歳か28歳の頃でした。イギリスで集まった連中もほぼ同じ年頃だったのでとにかく楽しかったですね。終わってから彼らのそれぞれの国、故郷をゆっくりと回りました。

27

それは教師生活の後になりますか？　結局、教師は何年やったのですか？

甲田 後です。小学校の教師を3年間やりました。そしてヨーロッパに行った。人に教えることが自分の性にあわないことを自覚したのでしょう。

28

イギリスでの体験は今の生き方に、どのような影響を与えたのでしょうか？

甲田 いろいろありますが、おたがい状況がどうであれ、話せば分かり合える、という単純なことでしょうか。人間って結局同じじゃないかな。そりゃあ細かく言えば違うけど、そんなところを掘り返してもねえ。「小異を捨てて大同につく」ということが大事なことでしょう。

29

それは経験から生まれたのですか？

甲田 そうですね。それとスマイル、笑顔って大事ですね。笑顔は平和への近道です。笑顔さえあれば道は拓(ひら)けますよ。楽観的と言われるかもしれないけど、いいじゃないですか。

30

今では天然酵母のパンも普通になりましたが、昨今のパンブームにどのような感想をお持ちですか？

甲田 パンが多種多様になったのはいいことですが、同時に昔はなかった弊害も現れました。小麦アレルギーが典型ですが。

31

競争相手は増えたほうがいい、という考えですか？

甲田 おたがいに切磋琢磨（せっさたくま）したほうがいいですね。それよりも弟子に負けてはいられない、という思いのほうが強いです。弟子たちの頑張りが、いつもいい刺激になっています。今では孫弟子までいますからね。

32

このところの食文化の変化について、どう思われますか？

甲田 いろいろありますが、日本人はもっと米を食べたほうがいい。パン屋がこんなことを言うのも変ですが……。

33 食の多様化はいいとしても、食料自給率の低下は大問題ですよね？

甲田 そこですよ。日本の食料自給率の低さは大問題じゃないでしょうか。4割を切っているんじゃないかな。日本はさまざまな分野で、見直すべき時期に来ているように思います。

34 これからも国産材料にこだわっていきますか？

甲田 はい、なるべく。今は上野長一さんにお世話になっています。いつも丹精込めて生産してくれている上野さんには感謝しています。

35 上野さんの所には、パリから一流シェフが直接材料を探しに来ているようですね。

甲田 彼らはデリケートな味を求めていますからね。希少価値の黒米とか。

36 材料調達に関してコロナ禍の影響をうけましたか？

甲田 うちはあまりなかったですね。むしろ普段からの関係が強くなったかな、結びつきがね。

37 上野さんのところは栃木県、ルヴァンは長野県、ローカルとローカルとの交流が、これからの一つの社会共通資本と言えるのではないでしょうか。先日もお店の前で上野さんと甲田さんが餅をついてみなさんに振る舞っていましたが。それに合わせて紙芝居屋さんを呼んだのですね。こうしたことは時々やられるのですか。

甲田 そうです。僕らの子供時代には普通にありましたよ。当時の雰囲気を、今の子供にも味わってほしいと思いましてね。子供さんが家に帰ってから、親といろいろ話すことが大切だと思います。今日こんなことがあったとか、あんなことがあったとか。この一見、当たり前のようなことが、大事です。ある意味で、明日を託す子供にしか、希望はな

いって感じすらします。

38 同感です。教育は国の柱でしょう。経済優先の発想そのものが限界ですね？「足るを知る」、ここらで人間は旧来の弊害や欲望の連鎖から解き放たれなくてはと思います。ルヴァンには、このあたりの基本思想が、しなやかに生きているように思えます。

甲田 どうでしょうか。もしそうなら嬉(うれ)しいですが……。

39 生活スタイルでいうと、甲田さんはミニマリストですか？

甲田 ミニマリストって何ですか？

40 虚飾を排して、必要最低限のもので生活するとでもいうのかな、あるいはそのような生活スタイルというか。

甲田 ある意味では、そうかもしれない。無駄を省く生活なんでしょう。たとえば最近の旅館の食事はどうなんでしょうか、僕は嫌ですね。

41

でも、禁欲主義者というわけではない？

甲田 決して禁欲主義者ではありません。ほしいものもいっぱいあります。

42

これから将来、気候変動、貿易や流通の不可測な変化などによって、材料の安定的供給という問題は大きいです。ルヴァンは自前の生産拠点としてファームを作る計画はあるのですか。

甲田 休眠状態ですが、以前作った会社ルヴァンファームがまだあります。が、今はきちんと作ってくれる上野さんたちがいますので、その必要はありません。これからもきっちりと顔の見える材料を使っていきます。

43

将来、新しい人材が来て、こんなものを作りたい、なんていうと、今考えているファームのイメージとは違うファームだってできますね。

甲田 そうなんです、そこは楽しみです。流動的に考えています。人材にあわせて環境を作ればいいことですから。

44 突然ですが、ヒマラヤ山麓でもパンを焼きましたね？

甲田 そう、いろんなことをやってきました。高地でのパン焼きはそれなりに難しい。醗酵が一定しないし、火力や道具なども、全くの非日常ということですから。

45 地球上どこでも人が住んでいれば、そこに食生活があるわけで……思い出に残る食べ物は何かありますか？

甲田 特にはありません。それにしても、人とはものを食う存在ですね。なんでも一応は食べられますよ。

46 そうです、「人とは、ものを食う存在」ですね。

甲田 そうなんだけど、日本人の口にする食べ物は概して体に優しいよね。また、地産地消は基本で、フードマイレージが短いほうが良い。日本の農村風景や里山の機能が回復する日の来ることを願っています。

47 食えない時代はなかったですか？

甲田 なかったと言って良いでしょう。

48 いわゆる商売となると、従業員が必要となりますね。富ヶ谷店と上田店ではかなりの数になります。

甲田 富ヶ谷が10人前後、上田店が8人程度かな。調布店には10人で、そこが一番多かったかな。

49 組織というものは、息を吸ったり吐いたりして生物のように生きている。その有機的で多様な存在を束ねる方法って何かあるのですか？

甲田 まず、店長を置いて、店長と僕の関係がうまくいってると、おおむね雰囲気もいいですね。それぞれがおたがいを尊重して、まかせるところは大きく任せる。

50 人事考課は？　基本的には甲田さんが行うのでしょう。

甲田 そうです。

51 検討項目は多岐にわたりますか？

甲田 世間一般のまあ普通の事柄じゃないでしょうか。

52 空気を読むほうですか？

甲田　それなりに。比較的読んでるほうかな。

53　社員のどこを見ているのか、指示待ち世代、マニュアル世代とか多様な世代を見ていると胃が痛くなるようなこともあるでしょうね？

甲田　チームワークを優先したい。人間だから完全無欠じゃない、感情の起伏もあるし、なかなか複雑です。よく言うのは、社長になったつもりで考えろ、と。自主独立的にやってもらいたい。

54　1日の生産量は誰が決めるのですか？

甲田　スタッフです。意外かもしれませんが、彼らに任せています。そうでないと将来カン働きができない。何事も経験です。こうすればいいという方程式があるわけではないですから。

55　たまには失敗もあるのかしら？

甲田 あってもいいのです。乗り越えていくうちに適正値というかゾーンが見つかります。はじめから「出来過ぎ君」はかえってよくない。最適化のプロセスは、それぞれが経験でつかんでいくしかないのです。

56

新商品開発は特定の社員がするのか？

甲田 皆でします。特に決めていません。

57

コロナ禍で発売した三密パンは誰が発想したのか？

甲田 僕です。その後リクエストがないなあ（笑）。蜂蜜とメイプルシロップと餡子（あんこ）。昔、イチゴジャムと餡子とクリームの三色パンというのがあったよね。懐かしいなあ。

58

あの時は、商品アイデアもさることながら、その告知にSNSを使いましたね。売れましたか？　会場ではルヴァンの一人勝ちのように見

えました。

甲田 売れましたね。その割にリクエストがない（笑）。

59 労働と利益分配の原則については、何か基準があるんですか？

甲田 急にビジネスっぽくなりましたね（笑）。特別なものはないですけどね。まあ全体を見ているとわかります。朝スタッフと朝食を食べながら予定などを聞いているとね。いつも思うのだけど、給料をもっと払ってあげたいなと思っています。

60 ルヴァンの根っこには、原始共同体的な発想があるのかな？　あるいは武者小路実篤（むしゃのこうじさねあつ）たちが考えた「新しい村」のような発想とか？

甲田 そうですね、理想郷としてありましたね。それとマクロビオテックという食に関する基本的考え方で、今でもスタッフに時々話しますよ。

近くで作った安全な物を食べる、この当たり前のことを小さい単位で実践していくことが大切でしょう。「身土不二（しんどふじ）」ということですね。

61 利益目標の設定はあるのですか？

甲田 きっちりとしたものはないのです。ざっくりとはありますが。材料費、人件費、光熱費家賃でそれぞれ3分の1。

62 甲田流、人の心の摑（つか）み方、とでもいうべきマジックがあるのかな？

甲田 ルヴァンに集まるスタッフは僕の思いに共鳴してくれる人たちです。だから任せられるのです。「以心伝心」かな。

63 スタッフの募集は？

甲田 スタッフからの紹介や、本人が直接お店に来訪するとか。

64

人の採用というのは難しいですね。今までのリクルートで失敗はありましたか？

甲田 ありました。面接だけではわからないところがありますね。ちょっと問題のある人には出ていってもらいます。野菜などがそうですが、例えばジャガイモの袋に一つ腐ったのが入っていると、またたく間に全体がいたんでしまう。人間の集団でも同じことが言えますね。これは怖いことです。

65

人事考課や採用などの判断は、実家が商家だったことと関係がありますか？

甲田 多少はあるでしょうね。やはり給料を払う立場というのは、ある意味で状況を客観視する宿命にあります。

66

いままで何人の従業員が去来しましたか？

甲田 何人だろう。220人くらいかな。

67
独立してお店を出した人は何人ぐらい？

甲田 10人以上？　孫弟子もいます。

68
日常を見ているとその人の未来のようなものが見えますか？

甲田 それとなくわかります。男性は8割が独立願望を持って入ってきています。

69
甲田さんもいろいろな経験が育ててくれた？　若い時の経験というのは貴重です。中には苦い経験もあったのではないですか？

甲田 まあ、いろいろありましたね。とにかくがむしゃらに進んでいく、たとえそれでしくじってもいいじゃないですか。全力でぶつかることで

す。中途半端はよろしくない。

70 海外経験で培った一番のことは何でしたか？

甲田 度胸かな。仕事が終わった後、みんなで連れ立って食事に行った時など に、バーのフロアでダンスが始まる、するといつの間にか僕が真ん中にいて、仲間を煽(あお)っているって感じ。妙なクソ度胸がつきました。

71 なるほど。そのことが日々のこと、日常への気配りにもいきているんですね。

甲田 そうでしょうか。

72 それにしても、毎日毎日、酵母を見守りながらパンを焼き続けるって大変ですけど、今まで飽きたことってないですか。

甲田 仕事だからそれはないけどね（笑）。

73

同じことを繰り返す大変さってありますよね？

甲田 最初は夢中でしたよ、あっという間に1日が過ぎ、ひと月が過ぎたって感じでした。酵母のご機嫌を伺うのは手探りだったけど、それはそれで楽しかったな。いまはスタッフ任せですが。任せていてもたえずどこかで気になっているのかな。

74

マンネリは？

甲田 それには気を引き締めています。「不易流行（ふえきりゅうこう）」というのを戒めの言葉として肝に銘じています。また、予定調和を時々疑ってみるって大事です。それと時々スタッフと山登りをします。日常と全く違うことに専念するのがいいですね。

75 たかがパン、されどパン。

甲田 そうです、そういうことだと思いますよ。奥が深くてなかなか満足できませんね。一つの道というものはそういうものなんでしょう。

76 特別なことをやっている感覚ってありますか？

甲田 いやあ、全くないですね。日々、雲水の修行のようなものですよ。

77 甲田さんも古稀を迎えちゃいましたね？

甲田 時が経ったですねえ。そういえば今日、義理の兄が喜寿だったよ。

78 いよいよ『遺言』を残さないと……。言い遺したいことをまとめておかないといけませんね。

甲田 遺言もいいけど、生前葬を95歳でやりたいと思っていてね。同級生がヨレヨレで集まるって感じ、男どもは皆いなかったりして……。

79 後継者はいるのですか？

甲田 このところ保険屋さんがいろいろ言ってくる。後継者？ そりゃいますよ、大丈夫です。

80 これだけは言っておきたい、ということはありますか？ 色紙に書くとしたら？

甲田 「実るほど頭（こうべ）を垂れる稲穂かな」なんてどうだろう。

81 いいじゃないですか、甲田さんらしい。まとめに入りますが、コロナ禍で何が変わって、何が変わらなかったか？

甲田 パンの中でも基本的なパンは不滅だと思っている。お客様がそのことをよくご存知でしたね。今回基本的なパンが受け入れられたことが嬉しかった。パンを求めて行列ができました。

82

人間、いつどうなるかわからない、ということをコロナは教えてくれたと思うのですが。

甲田 基本的に手作りのものは将来的に生き延びると思いました。コロナ禍で人々も、何が不可欠かが分かったのではないでしょうか？　お客様は「鏡」です。

83

人間には慣れた頃に飽きるという特性があるのです。未知の菌類、ウイルスなどの襲来が今後もあるでしょうね。

甲田 「備えあれば憂いなし」、ですかね。しかし「一寸先は闇」です。

84

ルヴァンは何を目指しますか？

甲田 いい麻薬と悪い麻薬があるんですよ。いい麻薬は正しいパン。悪い麻薬というのは、いわゆる麻薬です。大地にしっかりと根を下ろした正しい商売をやっていきますよ。パン作りは僕にとって「矛盾のない世界」です。そして正しいパンを作り続けることです。

85

パンというのは生活の足元にあるものだけど、たえず見えない速度で変化もしている。そこを見逃してはいけませんね。

甲田 おっしゃる通りです。たえず変化しています、大きい船が旋回している時、その途中では変わっていく感じが中々つかめないものですが、旋回し終わると全く違う風景にびっくりするものです。

86

パン屋一軒の理想的商圏規模ってあるのですか？

甲田 よくわかりませんが当然あるでしょうね。パリのパン屋さんを見ていると、どの町にもあってみなさんバゲットを抱えて歩いています。いい風景です。あの風景の裏に見えない数式が働いているんだと思います。

87

これまで気になったパンの思い出は?

甲田 まず、時差ぼけのパリで食べたバゲットとカフェオレかな。それからスペインのバールで食べたトースト。フライパンで作っていたな、軽く油をひいてパンをのせ焼く。裏返してザラメ砂糖をパラパラとかけて熱いうちに頬張る。最高だったなあ、今でもトーストはフライパンで焼くに限ると思っている。

88

いろいろイベントをやったと思いますが、思い出深いものは?

甲田 フジロックフェスティバルですね、最初の頃はのどかだった。苗場の2回目くらいから本格参加だったかな。他にまぼろしの「イベント

88*」です。鉄板のうえに小麦粉で、子供向けに絵を描くワークショップなど人気があったし、パンもよく売れて大きいパンを100本ほど焼いて、お店と会場をピストン輸送した。疲れると近くを流れる川で体を冷やした、いい思い出がたくさんあるなあ。

89

パン屋同士のネットワークってあるのですか？

甲田 ありますよ。富岡でのパン祭りとかは、1時間ぐらい並ぶ、最後尾のプラカードも出て大変な騒ぎ。他にも幾つかあります。

90

たまには弟子の店を訪ねますか？

甲田 訪ねます。結構旅の目的になっていたりしますね。不幸にして閉めたのもいるけど、概してうまくいっています。最近は南新宿、参宮橋、と近いところに2人が出店しました。

*富士見パノラマスキー場1988年にあった新しいウェーブの中での画期的なイベント。

91

「出藍の誉れ」というか自分を超えてる弟子は？

甲田 ある意味、みなさんは僕を超えている。いいことです。店づくりが上手くなりましたね。新しいパン文化の潮目を感じます。

92

これからもいわゆる身の丈経営ですか？　清貧なる豊穣というか。

甲田 そうです。無理をしない等身大の経営に徹することだと思っています。集ってくれる若いスタッフたちの感性が、ルヴァンの羅針盤だと思っています。

93

甲田さんの中には、蚕都上田や商都上田の伝統が無意識に宿っているのかな？　上田でも老舗がたくさん頑張っています。参考になりますか？

甲田 あまり意識したことはありません。山登りにたとえると、すべての山に登り、より高みを目指すようにしている。周りよりも自分のペースを重視しています。

94

伝統文化を守りながら、同時に新しい企業努力をしているということでしょうか。

甲田 そうです。たまたま今日は、ストーブの火入れ式です。勝手に決めているんですがね。入り口のショーウインドーには節季ごとの飾りにアイデアを込めていますが、そういうのを得意なスタッフがやってくれています。季節の到来を身内にも来店者にも効果的に伝えています。季節感にはたえず気を配ります。

95

10年後のルヴァンのイメージが描けていますか?

甲田 10年後ですか。よくわからないけど、毎日を充実した時間が過ぎていくと、結果しなやかな対応で、どのような変化にも耐えていけると思

ストーブの火入れ式

います。そして気がついたら10年とか20年が経過しているということじゃないでしょうか。

96

甲田さんの背中というか、存在そのものがルヴァンのバイブルという感じがします。それは社員に伝わっていますか。

甲田 これも「以心伝心」じゃないですかね。それぞれの研鑽（けんさん）は一つ一つ違うと思うのですが、実際そうなっています。僕はスタッフにいつも恵まれていて幸せもんですよ。スタッフには感謝しています。みなさんに東京と上田のお店をほめてもらってうれしいです。このごろはパンをほめてもらうより、お店をほめてもらうほうがうれしいですね、歳のせいかな。

97

コロナ禍の時期も含めて甲田さんを3年以上にわたって取材させてもらいましたが、幹夫という名前の通り、幹がぶれないことを幾度も感じる機会がありました。ぶれない秘訣はなんですか？

甲田 ある意味、不器用というか愚直だからでしょうか。一度やると言ったら、まっしぐら。あまり脇見をしない性格だからかな。でも言われるほど立派なもんじゃないですよ。

98

たまには健康診断をしていますか?

甲田 特段の不具合はまだありません。3年前、医者から肉を食べろと言われたかな。たしかに肉と赤ワインはいいですね。時々打ち上げで食べる鰻(うなぎ)は大好きです。基本は毎日の食事が一番重要ですね。どちらかというと質素です。できれば将来畑の隅に茶室のような小屋を建てて自給自足で、たまに友達など招いて茶会でもやってのんびりと余生を送りたいけど、どうなることやら、まあ、成り行きまかせですね。

99

100歳を超えてもパンを作っていると思いますよ。その頃また取材させていただきたいけど、僕がいるかどうか。でも甲田さんと一緒にいると、一緒に長生きできそうな気がいたします。

甲田「100歳パン」というやつを焼いてみたい。少しはましなやつが焼けるかな？

100 世界的ニュースになりますね。いやあ、とにかくルヴァンは永遠ですね。最後に、今夜が「最後の晩餐」としたら何を召し上がりますか。

甲田 カンパーニュ、そしてゴマ味噌おにぎりかな。

日々是好日、
パンの原型ピタパン再現

某月某日。
若いころ行ったネパールの山村・ランタン渓谷、
ドウチェ村で焼いたピタパンを再現した。

カトマンズから4日目で村に到着。世界で一番美しい谷と言われているランタン渓谷。初めての高地だったので高山病と闘いながらの旅だった。標高が3600メートル。早速、日本からの天然酵母を祈る気持ちで起こして確認。「大丈夫だ!」。石臼(いしうす)で挽(ひ)いた小麦粉(全粒粉)を水で練って、のばして適当な大きさにして残り火の灰の上におく。表面の色が変わったのを見計らって、直火の上におく。すると、あっという間にプーと膨らんでくる。完成だ。

これ以外に、現地の若者にパン作りを教えるのだが、まず道具作りから始めた。窯は英国製で見たこともないもので、底が鉄だったので勝手がちがう。本当は石を敷きたかった。さらに高地ゆえ湿度が足りないし、冷涼なため酵母の醗酵が進まないという難点があったが、ビニールに包んだりしてなんとか醗酵を促した。

このあとは村の青年が根気よく続けてくれることを祈るのみ。きっと青年の手で、健康的なパンが焼かれることだろう。それぞれの家庭に電灯がともり、このプロジェクトも終わった。

帰りはヘリコプターでカトマンズにおりたのだが、所要時間20分。途中、墜落したヘリの残骸が転がっていた。

地球上どこにいても、人類は何かを食わなくてはならない。
人類とはもの食う存在なのだ。

3・11の東日本大震災のとき、「ル・シァレ」は帰宅困難者で満員になり一つのテーブルとパンをシェアしあった。文字通り本来の山小屋の役目を果たした。集った人々は遭難をまぬがれた。

※「ル・シァレ」は富ヶ谷店併設のカフェである。

平凡なるものの繰り返しが、
実は基本の「き」なのです。

天然酵母のことをフランス語で「ルヴァン」と言うんです。
なかなか気難し屋で、酵母が住みやすい環境作りが鍵です。

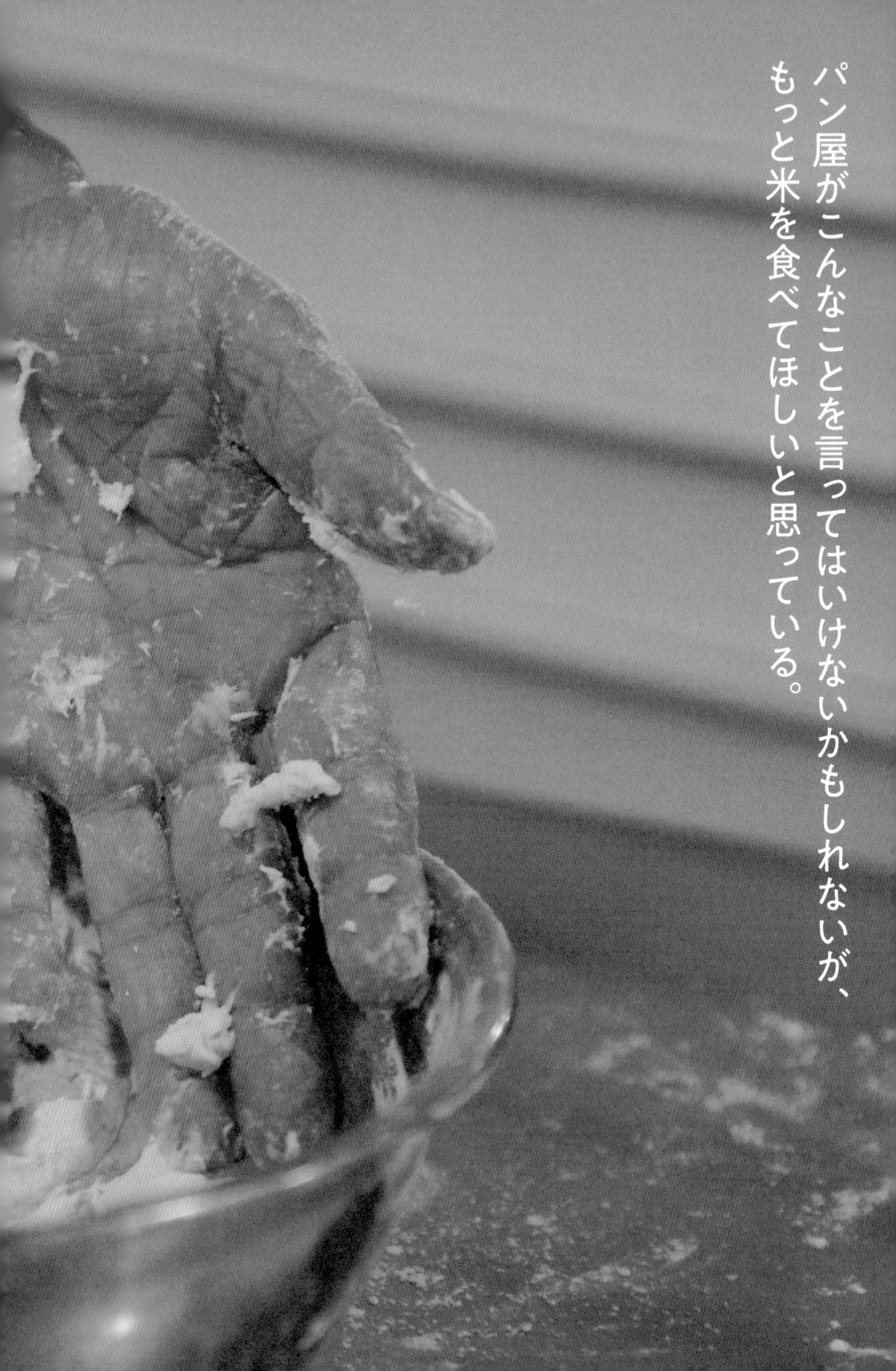
パン屋がこんなことを言ってはいけないかもしれないが、
もっと米を食べてほしいと思っている。

食べ物はいのちですね。
無駄にはしない、決して捨てない。
パンに失敗はないのです、僕の持論です。

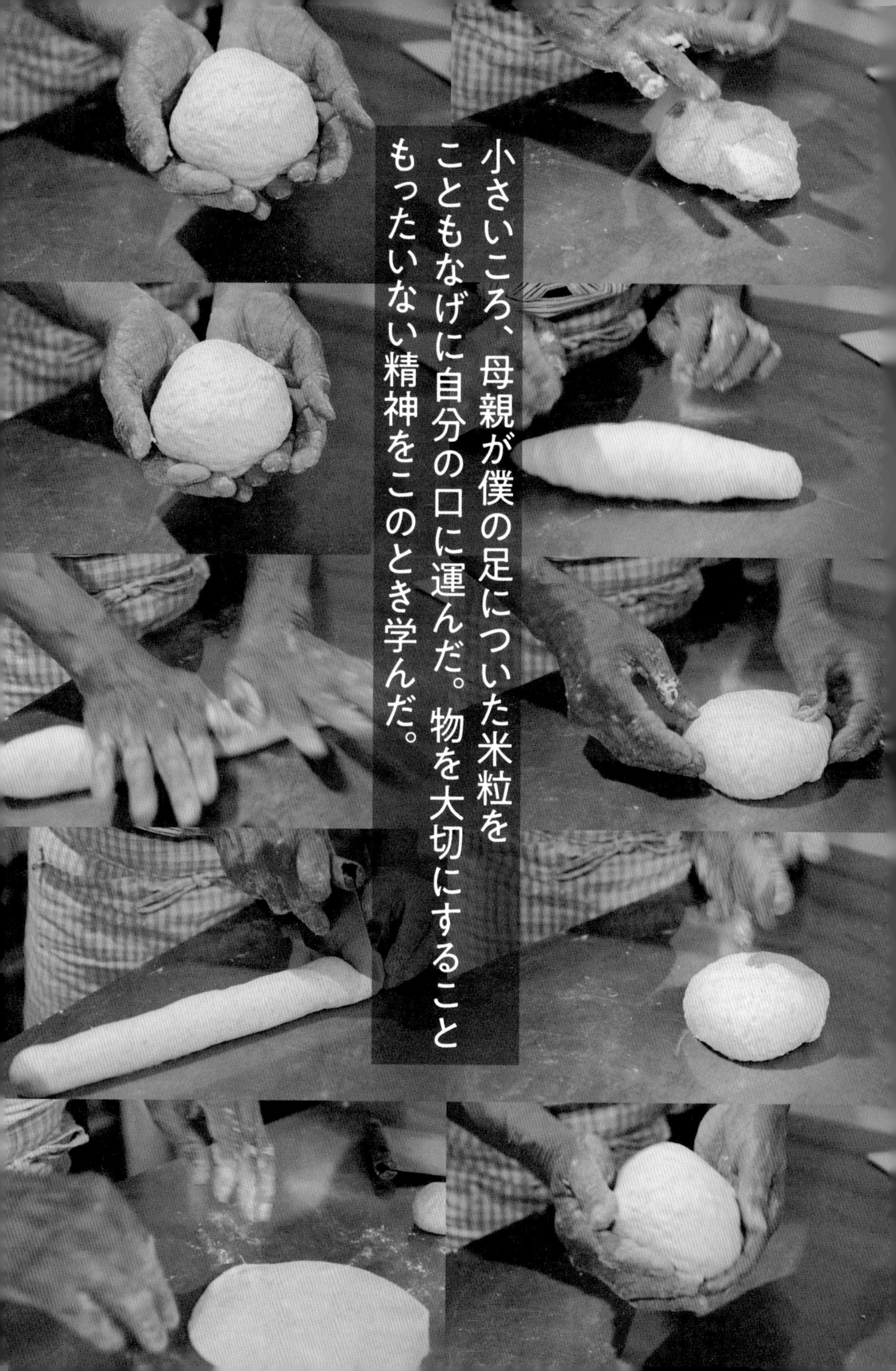
小さいころ、母親が僕の足についた米粒を
こともなげに自分の口に運んだ。物を大切にすること
もったいない精神をこのとき学んだ。

温度は手が覚えていた。それは四半世紀前のネパールでのことだった。

このプロジェクトはランタン計画と言って、ネパールの谷から流れ落ちる水を使って電気を作り、各家庭に一つずつ電灯を灯(とも)そうというもの。手作りチーズで第一人者だった吉田全作さんの誘いに乗ったものだ。1998年だった。そのほかにプロジェクト推進の貞兼綾子さん、写真家の森枝卓士さん、彫刻家の吉元正人さんなどがいた。ちょうど富ヶ谷店がオープンして時間的にも余裕ができた頃だった。

基本は手である
手は道具と一体化し
レシピは長い間に
自然のこととして
頭の中にある。

直接火にかける。

のっぴきならない場合には
そこで手に入る限りの材料を
絶対条件として事に臨む。

そぼくな台所のかまどから
炭火をかき出して
その上に平たくした生地をのせ
様子をみる。

その条件でモノをつくり、
モノを食う人々がいるわけだから
絶対、何とかなるのだ。

ぷーと膨らんできたら完成。

ドウチェ村で食べたものでおいしかったものあり。牛とヤクのハイブリットのゾモという牛の乳で作ったチーズ・カチョカバロが絶品。できたてを焚き火で炙ると鶏肉のようだった。このチーズを作るときできるホエーという液体だけでパンを作ってみた。少しずつパンとチーズ作りが安定したら、村の食事もさらに充実したものになるだろう。

そのまま食べてもいいが、
ジャムなどをつけるとおいしい。
もちろん味噌(みそ)やクルミペーストも。

ちょっと変化球、
小麦は千変万化。

小麦粉の材料をさらに薄くのばして適当な幅で切る。
ちょっと広めの葛切り（くずきり）か、ほうとうって感じ。
沸騰した湯にくぐらせ、火が通ったら氷水で冷やす。
ゴマ醤油をつけてもいいし、ワサビ醤油でもおいしい。
のどごしを味わってください。パンさしみと呼んだ！

我々は口からのインプットにもっと意識的でありたい。
「身土不二（しんどふじ）」、人間の体と人間が暮らす土地環境は一体ということですね。
今の言葉で言うと、地産地消かな。

歳をとると、
徐々に引き算の生活に入る。
余計なモノをひとつ、ふたつと省いて
必要最低限の有り様を探る。

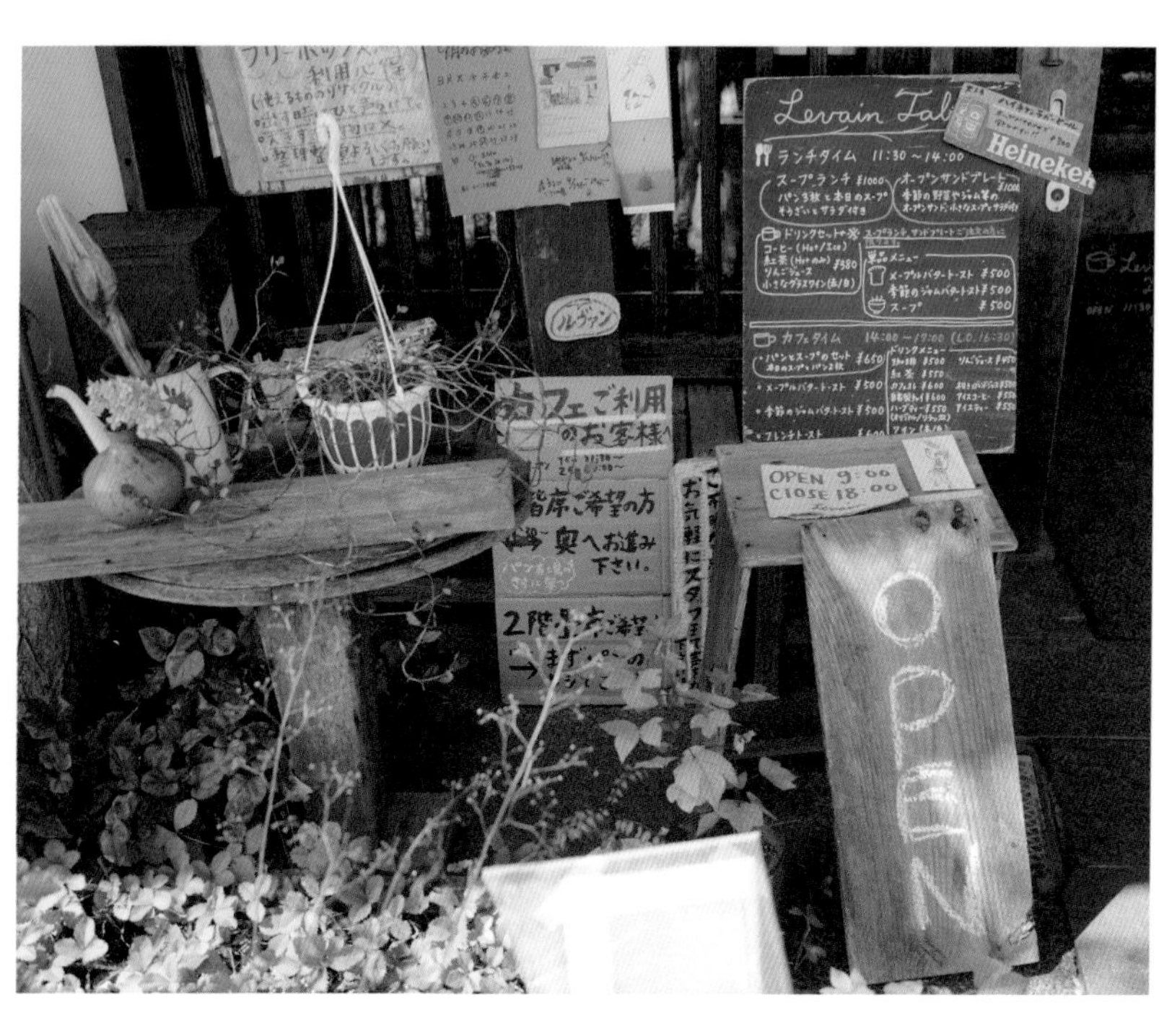

パンと寛容について

他人のもの、他人の意見、他人の気持ち、他人のメニューを受け入れることは実は非常に努力が必要です。

つまり、自分を「無」にして開放しなければならないからです。それと同じように異国の文化、宗教、習慣を受け入れることも努力が必要になります。

しかし、それらを受け入れた時はじめて「他人」ではなくなります。そしてそれらの人々（異質な性格の人々と言ってもいい）、他人と思っている人々に手を差し出すことができると思います。

パンを通じて、そういう世界を作っていきたいというのがルヴァンの目指している気持ちです。

甲田幹夫

水彩画ギャラリー

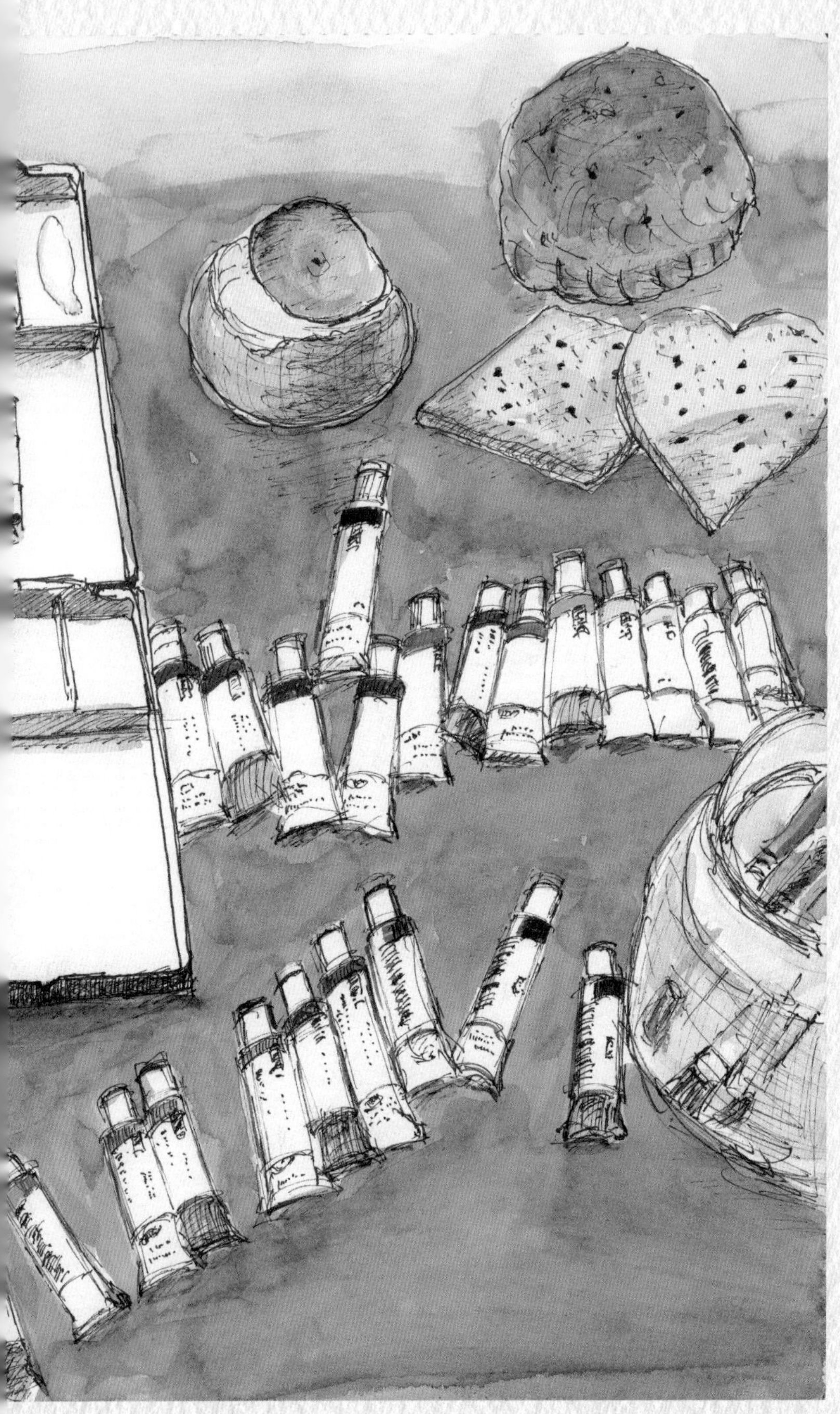

ウワー新しいパレットだ──!!
Sonne 田中君から送られた五穀パンとクッキー

BUSE
red

NAGANO OBUSE
2005

ちょっと
クリスマスチックに
赤ワイン
岩本さんより
有機の
ボジョレー
ヌーボー

毎年楽しみな

コルヴァンのシュトレン

養蜂家
大野さん作
天然ハチミツの
ローソク
甲田作 竹のひしゃく

クリスマスケーキの山場も
のりこえて……
年末何かといそがしく
計算も終って
「ホッ」と オリーブオイルとパン
SAGITTARIO
CITIZEN

甲田幹夫

黒田節
酒は呑め呑め
清酒
きれい
亀齢
キレイ
岡崎酒造株式会社
日本酒は
ルヴァン信州上田店の大家さん
岡崎酒造
銘柄は「亀齢」
創業寛文五年
乗った扇』
いろいろと表現できる。
ものだ…

ひのもと いちの
この 槍を
のみ取る ほどに
呑む ならば
これぞ 真の
黒田武士
甲田幹夫

のコーヒー ル・ン・バ
香蘭社の麦のカップ
ル・シァレで時々出没する
実にロマンを感じる….
松本の中川さんに注文した
オリジナル「317カップ」

我カ
スタッフどさの 友人
合志作のカップ

白い木蓮

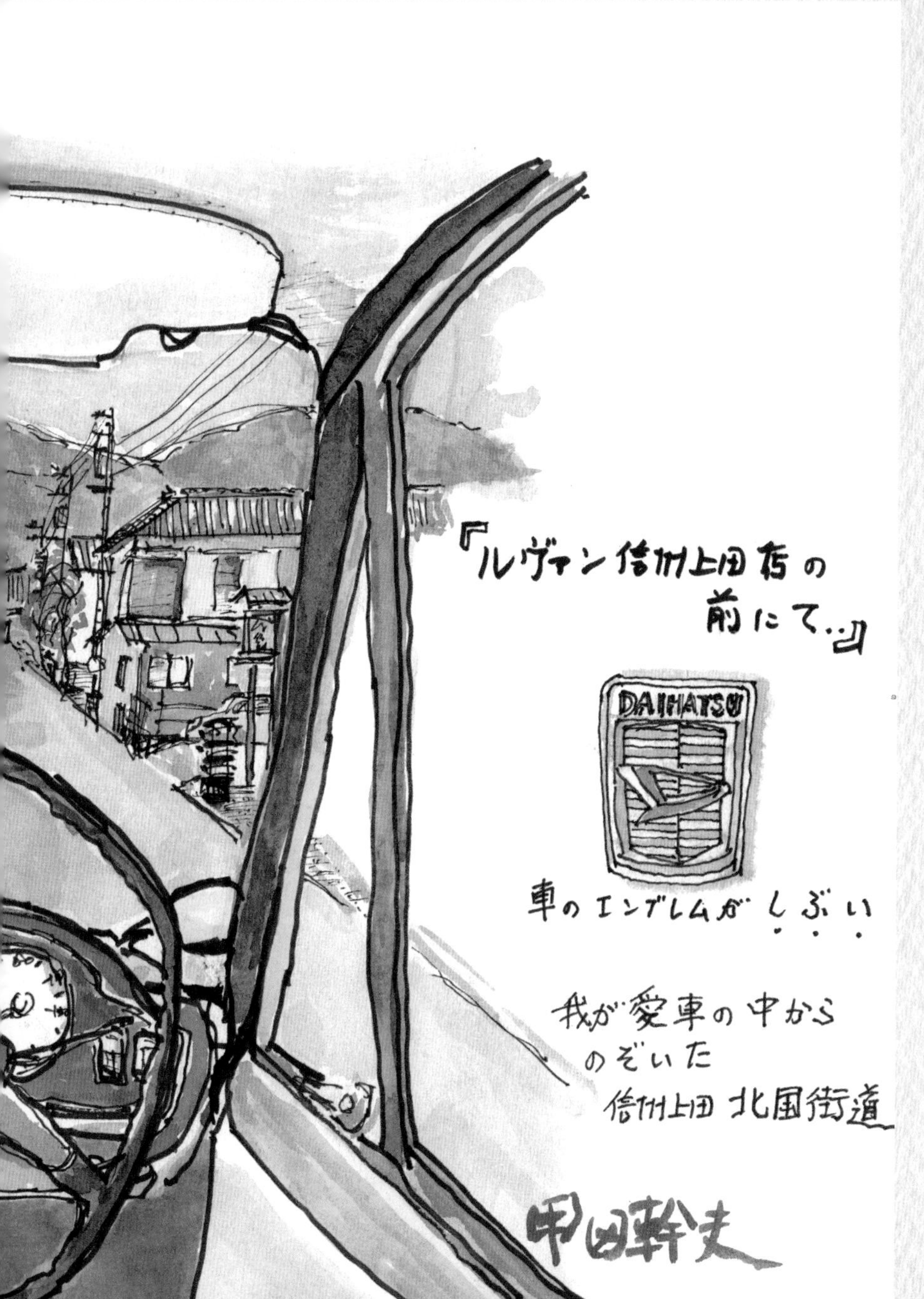
『ルヴァン信州上田店の
前にて…』
DAIHATSU
車のエンブレムがしぶい
我が愛車の中から
のぞいた
信州上田 北国街道
中田幹夫

今はもう 秋
誰もいない 海
知らん顔して
人がゆきすぎても
わたしは 忘れない
海に 約束したから
つらくても つらくても
死には しないと

甲田幹夫

下北半島の誰れもいない海をバックに！
シールが どんどん ふえていく。車のこちらの
サイドには「世界Ⅱ周半 …はウソ」と
テープで書いてある。ホズミは望遠鏡で
遠くを見ている。

旅が鍛えてくれた

俺は走った
友に会いたいために
世の中を見るために
そこに何があるか知るために
これは俺の走った軌跡だ

1976年はじめて外国に行った。ジーパンのポケットに小さな英語の辞書をねじ込んで。ロンドン郊外の果樹園での果実摘みのアルバイトが目的だった。そこで多くの国の若者たちと楽しいひと時を過ごし、終わった後、彼らの国々を訪問した。

シェトランド諸島
オークニー諸島
カークウォール
北海
グラスゴー
エディンバラ
コペンハーゲン
北アイルランド
イギリス
ベルファスト
オランダ
リバプール
アムステルダム
ダブリン
バーミンガム
ウェールズ
コーク
ロンドン
アイルランド
プリマス
イギリス海峡
ブリュッセル
ボン
ルクセンブルク
シェルブール
パリ
ブレスト
FRIDAY BRIDGE AGRICULTURAL CAMP LTD
(REGISTERED OFFICE)

…h Chivel
…lo Fred B
…ongbrooks;

Hello Mikio,

R…

Just left London o…
Brenchley pickin…
quite dull here because there is…
Television to watch in the farm. …
play or volleyball to play also.

It's good that you hav…
camp and you can earn about £30 a…
for 5 or 6 weeks more, I might want to go…
I do, I'll go on around 23th September. I hope you ar…
still there.

So…
good working … . Wishing you a…

Yours sincerely.

旅の途次で出会った友人たち。皆笑っている、旅で学んだことの一つに笑顔が大切だということがある。笑顔さえあれば世界は渡っていける。そんな自信がいつの間にか身についた。さあ、スマイルで行こう！

旅の目的の一つにピサの斜塔を逆立ちでささえる、というのがあった。

闘牛には興奮した。何かが僕の心の隙間にドクドクと入り込むのが感じられた。

興奮した闘牛。
写真の彼は去年死んだそうだ。
闘牛がはじまる前 彼の死をいたんで
詩が場内に流れた。
SOL
BANCADA
80$00
4
Praça "Palha Blanco"
VILA FRANCA-76
80$00
DOMINGO, 31 DE OUT
às 3 e 1/2 da tarde
Extraordinária Corrida de T
Promovida pelo Sindicato dos Toureiros
PRÓ-MAUSOLÉU
JOSÉ FALC
SOL
BANCADA
4
Incluidos todos os impostos e a taxa do Socorro Social
イギリス海峡
ブリュッセル
ルクセンブルク
シェルブール
ブレスト
パリ
ナント
フランス
ジュネーブ
リヨン
4810
ビスケー湾
ボルドー
ジェノバ
フィレンツェ
マルセイユ
モナコ
トゥーロン
イタリア
ローマ
ナポリ
ピレネー山脈
ビルバオ
アンドラ
バルセロナ
コルシカ島
サラゴサ
バレアレス諸島〔スペイン〕
〔仏〕
ベスビオ山
1278
サルデーニャ島
マドリード
〔伊〕カリアリ
ティレニア海
バレンシア
パルマ
パレルモ

アフリカやヨーロッパアルプスにも遊んだ。共に日本にはない文化圏であった。異文化との出会いは新鮮で刺激的で記憶から永遠に消えないものだ。

アルハンブラ宮殿への道で……

半世紀後の椿事(ちんじ)

ロンドン郊外の果樹園でのアルバイト仲間の一人が、信州にいるという情報があって(早速)会いに行った。

彼は根岸厚次さんといって、独力で石積みの家を作っているとのことだった。

行ってみると素敵な修道院風の宿であった。

その一室で会見した。互いにそれなりの風雪を経た風貌であったが、面影はきっちりと残っていて瞬時に、当時の彼の地(か)にワープしたような幸福な時間であった。

ルヴァン・グラフィティ

昔懐かしい紙芝居。
今はなかなか見られない
風景になってしまった。

ショーウインドーは
節気、節気で
飾りが変わる。
季節感や雰囲気を
大事にしている
スタッフの心意気で
成り立っている。

ルヴァンは一年中、お祭り騒ぎである。

とにかく遊びのネタを作るのが
甲田の得意とするところ。
春は正月から「投扇興」、「餅つき」、
「紙芝居」、突き当たりの神社での「豆まき」。

甲田と一緒に
杵を持つのは上野長一さん、
小麦の生産を
お任せしている大事な人。
世界のシェフが
上野詣でをしている。

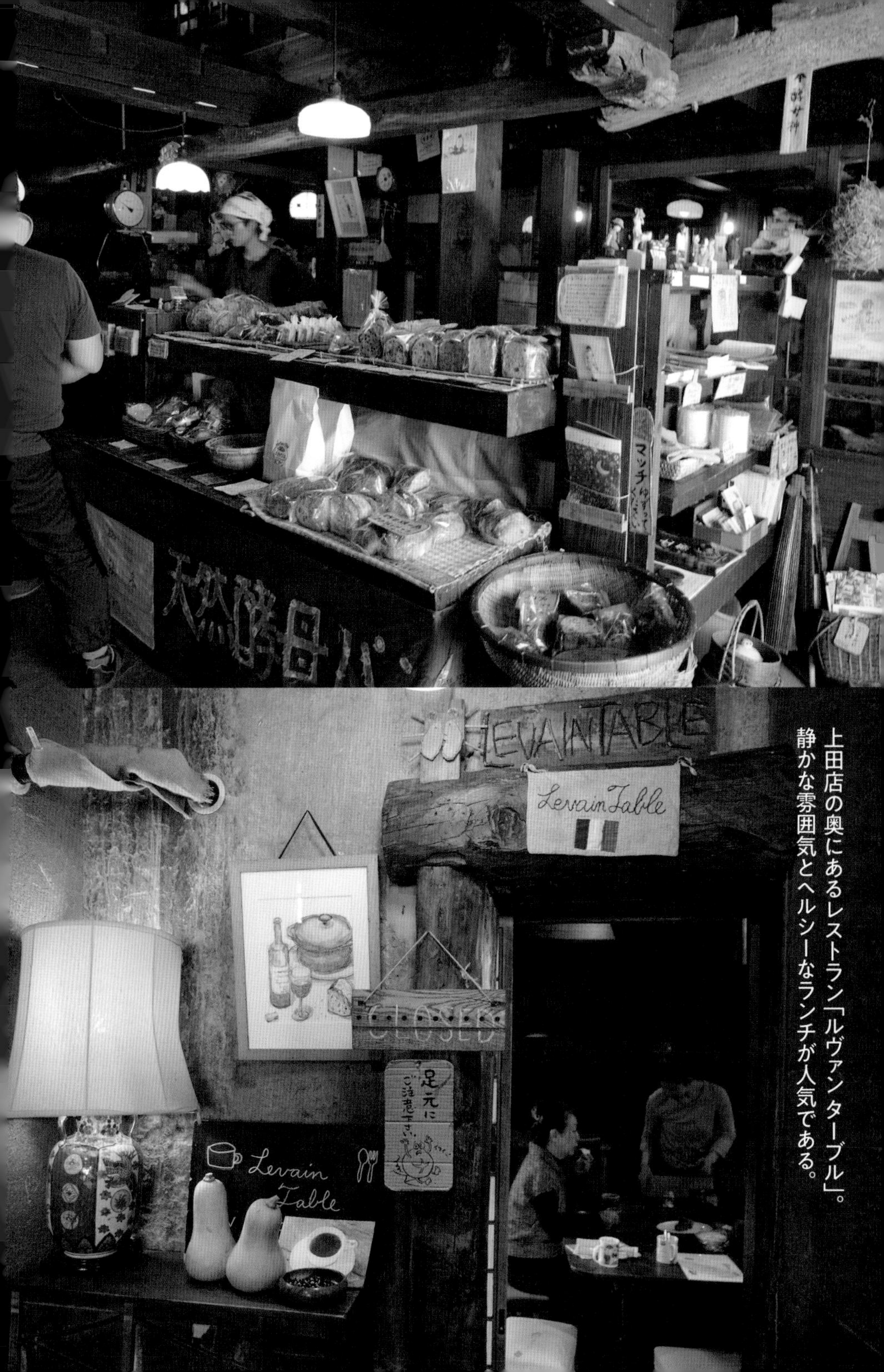

上田店の奥にあるレストラン「ルヴァンターブル」。静かな雰囲気とヘルシーなランチが人気である。

店の前を北国街道が
通っている。
「柳町」という
だけあって、
通りにはヤナギの樹が
繁(しげ)っている。
時々は枝を切って
すっきりさせる。

甲田の愛車。
かつて日本一周を試みた時に乗っていた
車種を上田で見つけてしまった。
これは買うしかないということで
完全レストアして手に入れた。
完璧に作動して、甲田の愛玩に応えている。
ダイハツ・コンパーノ・ベルリーナ。

富ヶ谷店のレストラン
「ル・シァレ」の看板（左ページ右上）と
天井を飾る照明器具（右ページ上）。
どことなくヨーロッパアルプスの山小屋風。
設計は、高校の同級生の荻野君。

フジロックフェスティバルには
このパンを100本焼いて、
会場と上田をピストン輸送でなんとかしのいだ。

毎朝の水やりは一日の体調や気分を整えるのに欠かせない儀式のようなものである。

上田店２階、「茶房 烏帽子」

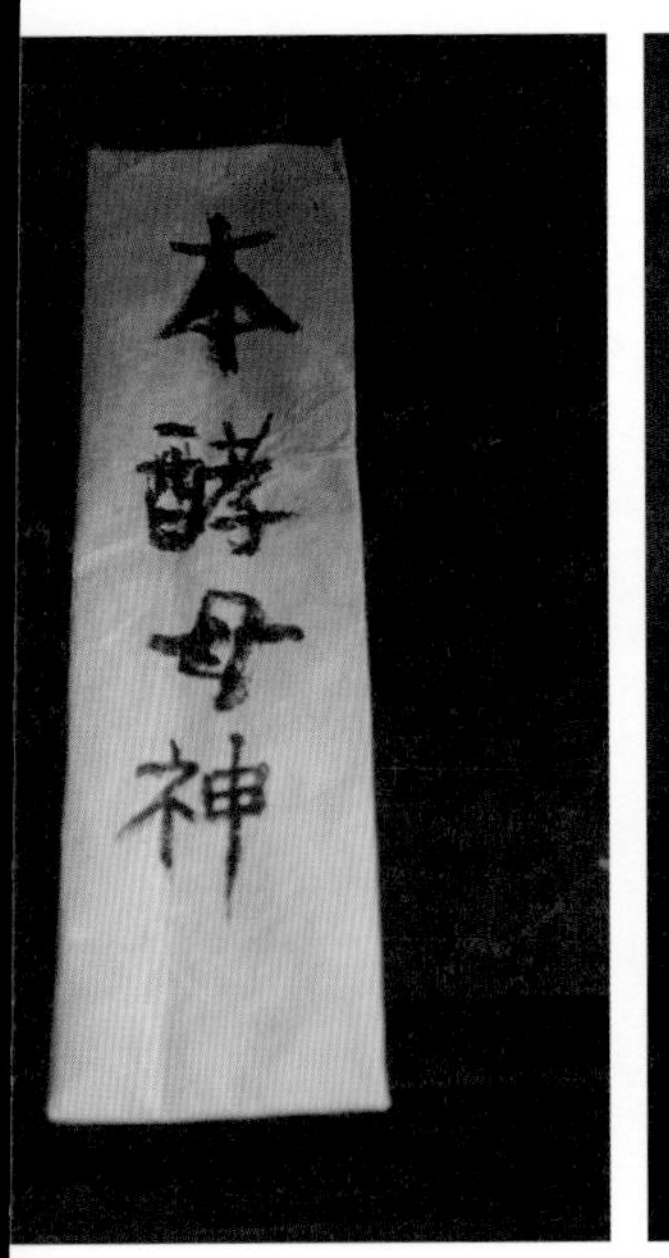

「疫病退散」の
願札がかかっている。
いわゆるコロナ禍で
どこも散々な目にあった。
同時に得たものも、
それぞれあったことだろう。
コロナを境に何かが大きく
変わったようだ。

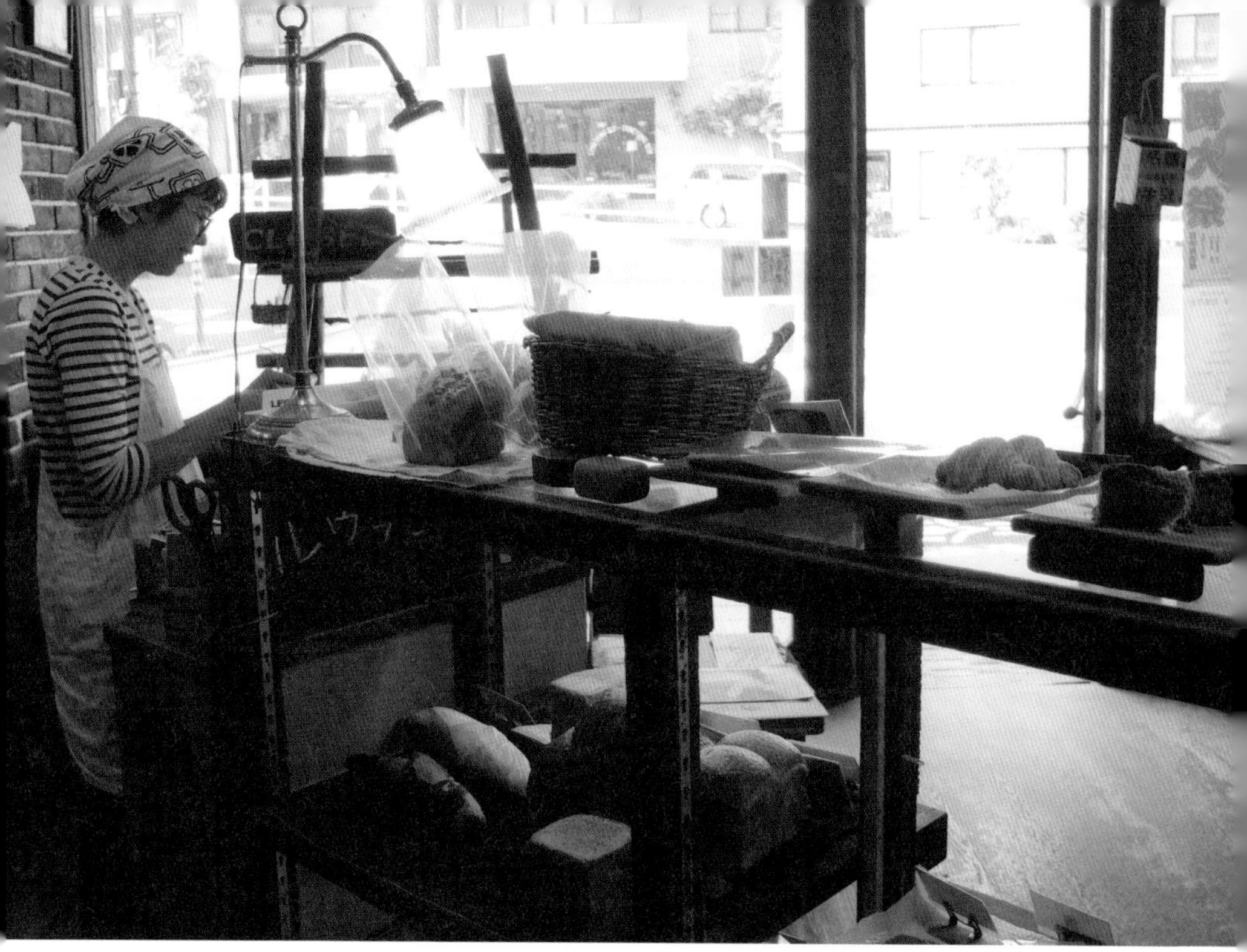

富ヶ谷店、店頭

地元のショッピングモールで開かれた合同のパンの販売会。ルヴァンは三色パンを出した。

季節の移ろいを感じながら
その時々の花や果物、木の実などを
何気なく飾る。
スタッフに共通の気配りがある。

パンDEパンダン展 by ルヴァン 甲田幹夫

7/27〜8/5
11:00AM-7:00PM

銀座煉瓦画廊にて
GINZA BRICKS ART SPACE

デザイン by ハレハナ

パンDEパンダン展
by ルヴァン 甲田幹夫
「パン屋のおもしろ展」

- パン屋ルヴァン出張銀座店
- 甲田幹夫のパンに関する絵
- 友人・知人・スタッフのもろもろ展
- パンのライト　パンの標本箱

2日(月)は1日出張ル・シァレ銀座店
茂木君がコーヒーをたてます 1:00〜5:00
「銀座のペントハウスで撮影会や
お茶でもいかがですか？」
デザイン by ハレハナ 萩野直明

三越　中央通り　松坂屋　三愛　9F　資生堂パーラー

銀座煉瓦画廊 TEL & FAX 03-3571-8626
中央区銀座7-8-8 銀座倉橋ビル9F

ルヴァン 渋谷区富ヶ谷2-43-13
富ヶ谷 03-3468-9669
調布 0424-81-1341 (FAXも)
ル・シァレ 03-3468-2456

- 画廊は狭いのでどうか花はご遠慮下さい。そのかわり「・・・」を

上田には「農民美術」というのがあり、これは「こっぱ人形」

集う。

年に何回か
手作りの料理を持ち寄って
手作りのパーティーを楽しむ。
文字通り老若男女の集いである。
二次会は2階の「茶房 烏帽子（えぼし）」で
夜の更けるのも忘れて
音楽や寸劇などであそぶのである。

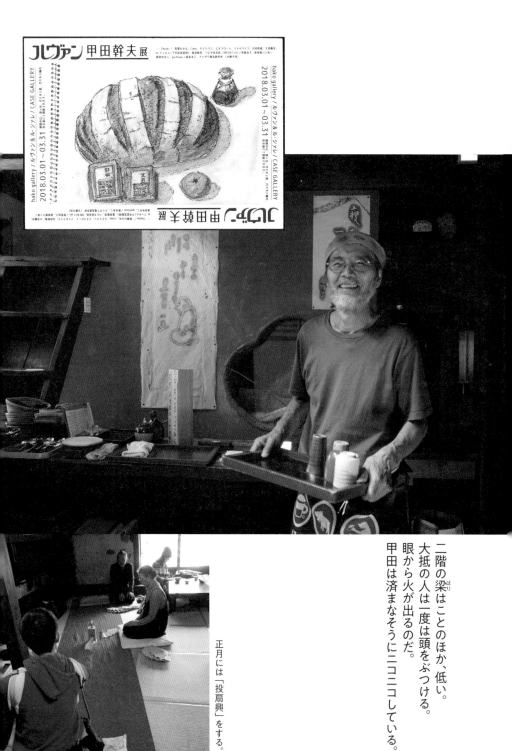

二階の梁（はり）はことのほか、低い。
大抵の人は一度は頭をぶつける。
眼から火が出るのだ。
甲田は済まなそうにニコニコしている。

正月には「投扇興」をする。

音楽仲間

サロン・ド・ヴェールにて（小諸）

甲田の周りには大勢の音楽仲間がいて
時々コンサートのようなものを開く。
甲田はハーモニカや替え歌が専門、
しかし、上手いのか下手なのか判断が難しい。
パンと同じで「失敗はないのだ」と
意気軒昂(いきけんこう)である。

同級生で一緒に日本一周を企てた
田中穂積君。
サックスがなかなかのものである。
他にピアノやシャンソンなどもあり
多士済々なのである。

本町
一二三堂印舗
本町

木町の揃いの法被を着て仲間と練りだす。
木町に今もある「甲田はきもの店」は実家である。
お兄さんが後を継いで守っている。

甲田は豆まきなど町内会の行事には積極的に
参加している。木町界隈には、かつての色街の
おもかげを残す貴重な佇まいが残っているが、
いつも背中を見せて働いていたお父さん、
お母さんの残影を今も探しているのだろうか。

あとがき

ある日、大きな袋にパンをいっぱい入れて甲田さんが我が家を訪れた。
「僕は名刺を持たないので、これで」と言って袋をさしだした。

家内の中学の時の同窓生で隣のクラスだったという。

何回か往来するうちにすっかり打ち解けて、写真を撮らせてもらい、一気に出版のはなしになった。

取材を進めていくうちにコロナ騒動が沸き起こり一進一退が続いた。私がコロナにかかり強制入院させられたり、心臓が弱ってペースメーカーを入れたり、テシオ・カテーテルを首から埋め込んだりと、満身創痍で腎臓透析の合間を縫って取材を重ねた。そんな状態でも甲田さんはいつもニコニコして応じてくれた、ありがたいことである。中国の古い話で、寒山（かんざん）・拾得（じっとく）という禅僧がいたとされるが、その再来のような人である。飄然（ひょうぜん）として細部にこだわらずいつも変わらない。しかも清貧で愚直なる人格者なのである。

そんな甲田さんは、日本では天然酵母でパンを焼くことをはじめた草分けの一人である。パイオニアというかカリスマなのである。毎日早朝からパンを焼き続けることを、なんとも思っていない節がある。とんでもないことである。そんな甲田さんの背中を見ながら多くの若者たちが巣立っていった。甲田菌が日本各地で弟子によって旺盛に繁殖している。本書が食の基本に立ち返る一助になることを願っている。

版元の赤津孝夫会長にはいつも励ましの言葉をいただいた、衷心より御礼を申し上げたい。デザインの芦澤泰偉さん、五十嵐徹さんには細部まで気を遣っていただき感謝申し上げる。大畑峰幸さんからは編集上のご助言をいただいた、あわせて謝意を呈したい。皆様のおかげで上梓が叶ったことを嬉しく思う。

令和五年秋

浅間山南麓の茅舎にて

田中孝道

甲田幹夫 こうだ・みきお

1949年長野県生まれ。国産小麦自然醗酵種パン店「ルヴァン」オーナー。信州大学卒業後、教職を経てヨーロッパの伝統的なパン製造の手法をフランス人から学ぶ。スタートは1984年の調布店、その後1989年に富ヶ谷店、2004年信州の上田に開店。富ヶ谷店の隣に「ル・シァレ」、上田店にはレストラン「Levain table」やカフェ「鳥帽子」を併設しファンに愛されている。穀物本来の良さを引き出すパン作りに邁進している。

田中孝道 たなか・こうどう

1946年生まれ。東京藝術大学卒業。現代美術作家。カフェギャラリー「サロン・ド・ヴェール」を2007年スタート、現在に至る。直近では銀座ガレリア・グラフィカとパリ・ランブラッセで「Nothing remains」を開催。書塾「墨戯塾」を主宰。著作に『多肉植物園』『漂える森へ』(ともに秋山書店、2010)、『根源へ／根源から』(A&F、2017)などがある。

ルヴァンのパン哲学 —甲田幹夫—

2023年 10月 6日 第1刷発行

インタビュー・写真
田中孝道

発行者
赤津孝夫

発行所
株式会社 エイアンドエフ
〒160-0022 東京都新宿区新宿6丁目27番地56号 新宿スクエア
出版部 電話 03-4578-8885

装幀
芦澤泰偉

本文デザイン
五十嵐 徹(芦澤泰偉事務所)

編集
大畑峰幸

校正
尾澤 孝

印刷・製本
株式会社シナノパブリッシングプレス

Published by A&F Corporation
Printed in Japan
ISBN978-4-909355-40-9